JN044093

進化的人間考

長谷川眞理子

東京大学出版会

Essays on Humans from Evolutionary Perspectives
Mariko HASEGAWA
University of Tokyo Press, 2023
ISBN 978-4-13-063955-2

目次

第1章　人間への興味——越境する進化学

人間の研究の様々なあり方

人間とは不思議な動物である。もちろん、人間に限らずどんな生物も不思議なのだが、人間のように技術を発展させ、地球環境を短期間のうちに大幅に改変し、うなぎ上りの人口増加を続け、森羅万象を解明する科学や哲学を作り上げ、芸術を楽しみ、時に絶望し、自らについて省察する生物は他に存在しない。人間とはどんな生き物なのだろうか。人間にとって人間は、最も大きな謎の一つである。

古来より人間は、自分自身を理解しようとしてきた。始まりは哲学であった。その後、様々な学問が発展し、学問の細分化が進んだ。法学、経済学、社会学、倫理学などは、人間と人間の社会について考える学問である。心理学は人間の心理を、民族学、文化人類学は、人間の文化の多様性を、教育学は教育を、考古学は先史時代の人間の活動を探究してきた。つまり、人間の様々な側面が、それぞれ異なる学問で考察されてきた。

解剖学、生理学、内分泌学、神経科学、遺伝学、生態学、行動学などの生物学の諸分野は、すべての生物が対象であるが、その中で当然ながら人間についても明らかにしてきた。殊に、最近の遺伝学、分子生物学と脳神経科学、認知科学の発展は目覚ましく、次々と明らかにされる研究結果は、専門の研究者でさえ、なかなか追いつけないほどである。

一方、自然人類学という学問もある。これはまさに人間という生物について研究し、人間の進化を明らかにしようとする学問である。自然人類学は長らく、化石として残された材料を中心に研究されてきた。古人類の化石は、人類進化の直接の材料として相変わらず重要ではあるが、最近は、ゲノム解析が進んだことや、生態学、行動学、神経科学の発展を取り込むことにより、以前よりもずっと包括的に人間の進化を解明できるようになってきた。

特に、スバンテ・ペーボらによるネアンデルタール人のゲノムの解析は、画期的な成果であった。彼はこの研究により、二〇二二年度ノーベル医学・生理学賞を受賞した。化石の骨などからDNAを抽出する技術が確定したことで、これまでは全くわからなかったことがわかるようになった。私たちホモ・サピエンスがネアンデルタール人と混血していたことや、シベリアの洞窟から見つかった小さな骨のDNAを解析したところ、これがまた別の人類集団であることがわかったことなど、驚きの連続である。デニソワ人と名づけられたこれらの人々もまた、ホモ・サピエンスと混血していたことがわかった。

さて、それでは、これら多くの分野に分かれて個別に探究されてきた人間像を、一つにまとめることはできるのだろうか。言い換えれば、人文社会系学問が行ってきた人間に関する考察と、近年の自然科学が明らかにした人間に関する知識とを統合することはできるのだろうか。

私は、大学の学部と大学院を自然人類学の研究室で過ごした。しかし、長らく人間そのものには興味がわかず、動物一般の行動生態学を研究してきた。それが、四五歳を過ぎた頃から人間に興味が出始め、かつての出身である自然人類学の本流に戻ろうという気持ちが出てきた。そして、先に述べたような人文社会系の人間研究と自然科学による人間研究とを統合してみたいと考えるようになったのである。それは大変な作業に違いない。それでも、とりあえず、近年飛躍的に解明が進んだ人間という生物に関する科学的知識は、人文社会系諸学の人間観とどう結びつくのかつかないのか、人間に関する科学的知識は人文社会系諸学の考察に変容を迫るのかどうか、という点だけでも、包括的に検討してみたいのである。これから、本書では、一つ一つそうした話題を取り上げていきたいと思う。

社会生物学論争と「科学主義」という非難

現代的な意味で、人文社会系諸学と自然科学とを統合しようとした最初の試みは、アメリカの生態学者、エドワード・O・ウィルソンによる『社会生物学』だったろう。一九七五年に出版され、大きな論争を巻き起こした。アリを中心とする昆虫生態学の大家であるウィルソンは、同書で、一九七五年までの時点で明らかになっていた行動生態学、進化生物学の理論を駆使し、動物に見られる社会行動を包括的に説明しようとした。その最後に、人間も動物であり、人間の社会行動の研究が人文社会系の諸学であるとすると、それらはやがて、大きな意味での社会生物学の中に包含されるようになるだろうと論じた。それに対して激しい反論が展開され、その後、長く続くことになる。この有名な論争は、社会生物学論争と呼ばれている。

この論争については、すでに多くの考察がなされているので、ここで詳しくは述べない。一言で言えば、これは、人間を科学的に理解しようとすることに対する反感と警戒をコアに、いくらかの誤解が添えられ、濃いイデオロギーの味つけが加えられた論争であった。

「人間の科学的理解は、人間の現状を肯定し、社会の改革を阻む」「人間を科学的に理解しようとするのは遺伝決定論である」などというのは誤解である。そんなことはない。病気を科学的に理解することは、病気の現状を肯定するものではないし、病気を治そうとする試みを阻むことなどない。病気を引き起こす遺伝子がわかったからといって、それであきらめろという話にはならない、というのと同じである。しかしながら、二〇世紀初頭に隆盛を見た優生主義の記憶や、科学的説明を利用した差別の歴史があるので、人間の科学的理解に対する反感と警戒は、人文社会系の学問の中に根強く存在する。

さらに、人間のことに限らず、何でも科学で解明しようとすることに対する反感というのもある。世の中には、科学的説明が他の説明を凌駕する優れた説明だとする雰囲気もあり、「科学主義」と呼ばれて嫌われる。私自身は自然科学者であり、ものごとを科学的に解明するのが好きなので、そういう嫌悪感というのは実感が持てない。科学的説明は、それ以外の説明のすべてを凌駕するわけではないが、ある種の説明を排除することはある。本書では、それらのことも含めて考えてみたい。

人間の脳と心の科学的理解の進展

昔は、人間についての科学的研究は、解剖学や生理学など、肉体の研究が主だった。それは、ルネ・デカルトの心身二元論に代表されるように、人間の肉体と精神を分離し、前者は物体として科学の研究対象となるが、後者は物体としてとらえきれないので、科学の研究対象ではない、という考えがあったからである。では、後者の精神の研究はどこで行うかというと、それは哲学であり、認識論であった。

一九世紀後半から始まった心理学という学問は、そこから少し進んで、人間の感覚、知覚、認知、行動、感情を科学的研究の対象とし、実験によって明らかにしていく方法を確立した。しかし、感情や情動は研究しにくく、また、自意識などもとらえがたい。科学研究の対象とするには、客観的に測定できねばならず、それが困難な対象については研究が遅れた。

また、このような心身二元論に立つと、精神、心を持つのは人間だけであるので、動物に心はない、動物の内的世界は存在しない、という考え方が出てくる。たとえ、動物にも心があるとしても、人間の心ですら客観的に測定するのが難しいのに、ましてや、もの言わぬ動物たちの心を推し量るのは至難の業である。そこで動物の研究は、長らく内的世界を仮定せずに行動レベルだけで行われてきた。

しかしながら、近年は、心や行動を生み出している脳の活動を、今までよりもずっと客観的に観察し、測定する方法が進歩してきた。それも、実験の協力者にそれほど負担をかけることなく、リアルタイムに脳活動を測定する、fMRIなどの装置が作られるようになった。まだまだ、不備なところもあるのだが、以前には考えられなかった研究がなされるようになり、その成果は、人間の心に関するこれまでの理解を刷新しつつある。

ヒトゲノム配列の解読

また、遺伝子の研究も飛躍的に発展している。遺伝については、長らく何もわからないに等しかった。その基本法則を発見したのはグレゴール・ヨハン・メンデルであり、メンデルの法則の再発見がなされたのが一九〇〇年である。その後、ジェームズ・ワトソンとフランシス・クリックによるDNAの構造解明、それに続く二〇世紀の分子生物学の発展により、続々と遺伝現象が解明されていった。そして、二〇〇一年には、ヒトゲノムの全容が解明されたのである。

現在、ヒトと最も近縁な動物であるチンパンジーの全ゲノム配列の解読も終了した。チンパンジー以外の多くの生物でも、全ゲノム配列の解読が終わっている。今は、これらの配列をもとに、遺伝子の解明が少しずつ進められている。そんな中で分類学という学問の様子が様変わりしている。

かつては多くの標本を調べ、それらの間の類似性や、ある形質があるかないかなどから、どんな種が存在するのか、どの種とどの種が近いのかなどを決めていたのだが、今では全ゲノム解析の結果を比較して分類することができる。その結果、今では、かつて言われていたものとはずいぶん異なる分類体系へと変わってきている。たとえば、クジラ類はかつて鯨目として独立にあり、一方、有蹄類の中の偶蹄類は偶蹄目として独立に存在していた。しかし、ゲノム解析の結果、鯨は偶蹄類ととても近縁であることがわかったので、今では鯨偶蹄目となっているのである。

人間の様々な性質の発現にかかわっている遺伝子は、多くが未解明ではあるものの、これらの知識には目を瞠るものがある。「言語の遺伝子」「乳がんの遺伝子」など、メディアで騒がれるものもあるが、それはいったいどういう意味なのか、遺伝子の解明は人間の解明にどのような貢献をしているのか、今後、いくつかの例を取り上げてみたい。

進化の理論と人類進化

人間がなぜこのような生き物なのかを科学的に探るには、人間の進化の理解が必須である。進化を理解するには、進化のプロセスに関する一般的な理論を知らねばならない。その進化の理論を最初に科学的な形で提出したのはチャールズ・ダーウィンだった。二〇〇九年はそのダーウィンの生誕二〇〇年記念、彼の著書『種の起源』出版の一五〇周年記念だった。

ダーウィンは、遺伝について何も知らずに進化の理論を考えたのだが、その後の遺伝学の発展に伴い、進化理論はどんどん進んでいった。現在の理解をもとに、人類の進化を考えると何が見えてくるか、本書では、進化という軸を通して、人間の理解を統合してみようと思う。進化学の越境であり、新たな人間学の試みの萌芽でもある。

第2章　ヒトとチンパンジーはどこが違う？

チンパンジーは嫌い

大学院の博士課程の頃、東アフリカに生息する野生チンパンジーの研究をしていた。一九八〇年代である。前人未到の地で探検をしたくてたまらなかった私にとっては、またとない貴重な経験であった。しかし、当時の私は、チンパンジーの行動と生態を理解することだけが目的で、それ以上の発展はなかったように思う。

人類学とは、人類の進化を探る学問である。その人類学者が、野生チンパンジーの行動生態を研究する意味はどこにあるのか。当時の私にとって、実はそんなことはどうでもよかった。強いて言えば、人間はどこまでチンパンジーと同じか、人間の持っている性質のどこまでがチンパンジーと共通かを明らかにすることが目的だった。今の言葉で言えば、人間中心主義を相対化するということだったのだろう。

ところが、実際に毎日観察していたチンパンジーには、どこか、全く人間と相容れないところがあった。彼らには全く共感できないところがあると感じた。たとえば、チンパンジーの雄たちは、自分となじみのない雌が赤ん坊を連れて出てくると、その赤ん坊を殺して食べてしまうが、その時、その赤ん坊の実の兄である個体も、肉のおこぼれをもらって食べてしまう。違うのは当然で、チンパンジーは*Pan troglodytes*で、私たちヒトは*Homo sapiens*なのだから、属のレベルで違う。研究対象ではあっても、私はチンパンジーが嫌いだった。この違和感が、ヒトとチンパンジーの共通点よりも、両者の根源的違いの原因を分析したいという欲求の始まりであったと思う。

単に人間中心主義を相対化し、ヒトもチンパンジーと同じだと言うだけでは意味がない。一方、ヒトは特殊で、ヒトの特性は天から降ってわいたようにヒトに固有のものである、と言うのにも意味はない。進化とは共通祖先からの由来であり、ヒトは類人猿の仲間から進化した。つまり、ヒトに固有の特性も、その根源は類人猿時代の何かに由来している。その点の正確な理解こそが、人間の本性の理解に必須なのである。

ヒトの系統の進化

ヒトは、アフリカの類人猿の一種から進化したのだろうと推論したのは、チャールズ・ダーウィンである。それは、一九世紀でも手に入った数少ない証拠をもとに、推論を積み上げた挙句の結論だったが、実際に正しかった。ゲノムの解析が進んだ現在、ヒトに最も近縁な動物はチンパンジーであり、ヒトとチンパンジーのゲノムの違いは、一・二三パーセントでしかないという結論になった。つまり、アデニン、グアニン、シトシン、チミンの塩基配列の違いは、それだけに過ぎないということである。

　ただし、配列の挿入や欠失などの大きな違いも入れると、およそ五パーセントは違うことになる。それに加えて、タンパク質の種類そのものではなく、それらを作るタイミングや量を決めている、調節遺伝子と呼ばれるものの違いも入れれば、もっと違いは大きくなる。それやこれやで、最終的には、チンパンジーとヒトでは何もかもが異なることになるのだ。

　このゲノムの違いから逆算すると、ヒトの系統とチンパンジーの系統が分岐したのは、今からおよそ六〇〇～七〇〇万年前である。私たちを隔てるこの六〇〇～七〇〇万年の間に、何が起こっただろう？　ヒト固有の性質と思われるものはいくつもあるが、遺伝子の変化を伴っていることが確実な、生物進化における決定的違いを挙げてみよう。そして、それらを、人間の本性に迫るという点から観察してみたい。

ヒトとチンパンジーの決定的違い

①直立二足歩行　人類の定義が、「常習的に直立二足歩行する霊長類」であるので、直立二足歩行は人間の重要な特徴の一つである。直立二足歩行は移動様式であり、それ自体が人間性そのものとは直接関係ないようにも思える。しかし、直立二足歩行の起源が何であれ、いったんそうなった後の人間の暮らしは、手が自由になった。また、目の位置が高くなり、自分自身の全身を見ること

ができるようになった。これらの事態は、ヒトが世界を認識するやり方に大いに影響を与えているに違いない。たとえば、自意識の発生にも影響している可能性はある。

②体毛の喪失　チンパンジーは全身に黒くて長い毛が生えているが、ヒトは体毛が極端に少ない。その代わりに全身に汗腺が多数ある。体毛のないことは、暑いところで大地をてくてく歩くことに伴う発汗の進化と関連していると考えられている。しかし、それとは別に、体毛がなくなったことの重要な副産物が一つある。それは、赤ん坊が母親の毛にしがみつくことができなくなったことだ。このことは、ヒトの子育て、コミュニケーションなどに大きな影響を及ぼしたに違いない。

③食　性　ヒトは類人猿の仲間から進化した。類人猿は、主に果実と葉を食べる菜食主義者である。ところが、ヒトの食事の中には肉がかなりの量を占める。人類の基本的な生業形態は狩猟採集であり、人類史の九九パーセントにおいて、ヒトは狩猟採集生活で生計を立ててきた。そこで、世界中の狩猟採集民の食べものについて総合的に分析してみると、地域差はあるものの、食事のカロリーの中で肉が占める割合は、三〇パーセント以上である。一方、類人猿の中では最も多く肉食するチンパンジーでも、その割合は三パーセント以下だ。

また、ヒトでは、肉以外の採集で得られる植物性の食物も、地面に埋まっている根茎や、堅い殻に包まれた種子など、単純には採れないものが多い。そして、ヒトは火を使用してこれらの食物を調理する。

つまり、ヒトは、それまでの類人猿的食生活をがらりと変化させ、獲得困難な食物を利用するようになった。このことは、共同作業を必須にさせ、子育てを長期にわたる困難なものにさせた。

④脳の大型化　チンパンジーの脳容量は、およそ三八〇グラムである。初期の人類も同様であった。現在のヒトの脳容量は、一二〇〇～一四〇〇グラムであり、同じ体重の類人猿の脳のおよそ三倍である。誰もが知っているように、ヒトの最大の特徴は、脳が大きくて認知能力が高いことだ。しかし、脳はどうしてこんなに大きくなったのだろう？　ほうっておけば脳が大きくなるように進化するものではないので、これは解くべき問題である。

また、ヒトの脳は、チンパンジーの脳がそのまま大きくなったのではない。特に前頭前野の部分が大きくなった。そこは何をしているのだろう？　脳については、考えるべきことがたくさんあるので、また別に詳しく取り上げることにする。

⑤女性の発情期の喪失　ほとんどの哺乳類の雌は、排卵に同期して発情し、受胎可能な期間しか交配しない。ヒトと最も近縁な霊長類もそうである。しかし、ヒトの女性はそうではない。このことは、「発情期の喪失」「排卵の隠蔽」などという言葉で呼ばれ、その進化が議論されてきた。私は、これは、女性が誰に魅力を感じ、配偶する気になるかということが、きわめてパーソナルになったということだと思う。そして、このことは、ヒトの配偶システムと子育て行動の進化にとって、非常に重大な意味を持っている。

⑥子ども期の延長　すべての哺乳類には、授乳が必要な「赤ん坊」というライフ・ステージがある。この赤ん坊を育てるのは、かなり大変な仕事だ。チンパンジーでは、離乳までに四～五年もか

図 2-1　チンパンジーの親子

かる（図２－１）。しかし、離乳すれば、哺乳類の子どもは基本的に独力で食物を採り、独力で移動する。チンパンジーも同様だ。ところが、ヒトの子どもは、離乳したからといって少しも独立しない。

まず、ヒトの脳の成長には長い年月がかかる。また、脳の大きなおとなが様々な技術を駆使して、獲得困難な食物を利用しているため、その技術を身につけるまで、子どもが独力で食物を取ることはできない。そこで、ヒトでは、およそ二〇年近くにわたって、親を始めとする多くのおとなが子どもの世話をすることになる。この長期にわたる子育てを親だけで行うことは不可能で、ヒトは共同繁殖である。

⑦寿命の延長と老人　子ども期が長いだけではなく、ヒトの潜在寿命は非常に長い。チンパンジーは、どれだけ長生きしてもせいぜい五五歳ぐらいだが、ヒトは一〇〇歳近くまで生きられる。これは、現代の医学や福祉制度のために長くなったのではない。ホモ・サピ

エンスの潜在寿命は本当に長く、一握りの老人は先史時代から常に存在した。

⑧言　語　言語という音声コミュニケーションは、ヒトに固有である。チンパンジーに言語を教えると、ある程度の単語の習得はするが、文法の理解はなく、ヒトの子どものようにいろいろなことを話そうとはしない。言語は、コミュニケーションの手段であるが、同時に、伝達される内容である概念や想念を思考の中で明確化する道具でもある。

⑨意図の理解と共有　ヒトの生活のあらゆる側面は共同作業でなされる。一方、チンパンジーは滅多に共同作業をしない。ヒトの共同作業を可能にさせている認知的基盤は、意図の理解とその共有である。「あなたは○○と思っている」ということを、「私は知っている」ということを、「あなたも知っている」ということだ。文化とは、世界に関する概念の共有であるが、意図の理解と共有は、文化の基盤でもある。

⑩自意識　ヒトにははっきりと自意識がある。動物は、まわりの情報を査定し、最適な行動を選択するが、ヒトでは、自意識によって自分と自分を取り巻く状況が客観的にとらえられ、今度はそれ自体もが情報となって、意思決定を左右する。このような、入れ子構造の意思決定アルゴリズムは、ヒトに固有である。

以上の観点をもとに、次章以降、これらをより詳しく検討していきたい。

第3章　ヒトの生活史——赤ん坊、子ども、年寄り

前章で、ヒトとチンパンジーとの決定的な違いについて、ざっと一〇項目を並べてみた。これらの違いを念頭に、この先、人間性の進化について考えていきたいのだが、本章では、ヒトの一生の流れに関する特性を取り上げてみよう。進化生物学では、「生活史」と呼ばれるものについてである。前章の一〇項目のうちでは、「⑥子ども期の延長」と、「⑦寿命の延長と老人」にあたる。

ヒトという生物は、脳が飛び抜けて大きいことが特徴であり、それはよく知られている。しかし、脳が大きいことは、ヒトの生活史に大きな影響を与え、それがまた、人間性の進化に甚大な影響を与えている。そのことは、あまり知られていないように思われる。

生活史のパラメータ

進化生物学で言うところの「生活史」とは、生物の一生に、時間とエネルギーがどのように配分されているかの総体をさす。生活史の様相を表現するパラメータはたくさんあり、生活史パラメー

タと呼ばれる。たとえば、からだの大きさ、一度に生まれる子どもの数と大きさ、成長の速度、各年齢での死亡率、繁殖開始年齢、一生の間に何回繁殖するか、寿命、などだ。

地球上の生物は、生活史も非常に多様である。からだの大きさは、顕微鏡でやっと見える細菌類からシロナガスクジラまで、一度に生まれる子どもの数も、一から数百万までの違いがある。寿命も、たとえば植物では、一年で死んでしまう一年草もあれば、樹齢三〇〇〇年に達するような種類もある。

このように多様なのだが、生活史のパラメータどうしの間には、ある種の関連がある。からだの大きい生物は、成長速度が遅く、一度に産む子どもの数が少なく、死亡率が低く、寿命が長い。逆に、からだの小さい生物は、成長速度が速く、一度に産む子どもの数が多く、死亡率が高く、寿命が短い。

つまり、からだが大きいのに多くの数の子どもを産むことはできず、何百万という子どもを産みながら、それらの死亡率が低いということはない。どれかを立てるとどれかは立たないということで、このような関係を、「トレードオフ」（差し引き関係）と呼ぶ。

哺乳類は、母親が子どもを妊娠、出産して授乳するという動物なので、もともと親から子どもへのエネルギー投資が大きい。いかにからだの小さいネズミでも、一度に子どもを数百も産むことは不可能だ。それでも、哺乳類の中でも、ゾウのようにからだの大きな生物は、寿命が長く、一度に一匹しか子どもを産まず、成長速度が遅い。

脳の大きさと霊長類の生活史

では、ヒトが属する霊長類はどうだろうか。霊長類は一般に、同体重の他の哺乳類に比べて、妊娠期間が長く、成長速度が遅く、寿命が長い。たとえば、ニホンザルの雌のおとなの体重はおよそ五キロであり、ネコとそれほど変わらないので比べてみよう。ネコは一歳未満で性的に成熟して繁殖可能になり、妊娠期間は六〇日ほどで、一度に五匹ぐらいの子どもを産む。寿命は、去勢または避妊した飼い猫の場合、平均して一三年ほどだが、野良では五年がせいぜいである。ところが、ニホンザルの初産年齢は五歳であり、妊娠期間は一七〇日、一度に一匹しか産まない。寿命はおよそ二〇年である。それは脳が大きいからである。ネコの脳は約三〇グラムだが、体重が似たり寄ったりのニホンザルの脳は八〇グラムもある。霊長類は、同体重の他の哺乳類に比べて脳が非常に大きいのだ。

脳が大きいということは、学習能力が高く、行動に可塑性があるということだ。その成果が有効利用されるには、寿命が長くなければならない。したがって、脳が大きな動物は寿命が長くなるように進化する。そういう大きな脳を育てるには長い時間がかかるので、妊娠期間も成長速度も遅くなる。つまり、脳の大きな動物では、からだの大きさというよりもむしろ脳の大きさが、様々な生活史パラメータと関連している。

では、ヒトはどうかと言うと、ヒトのおとなの脳は一二〇〇〜一四〇〇グラムあり、体重のおよそ二パーセントを占める。これは、同体重の類人猿から推定した値の三倍にも達する。これほど大きな脳を持つ生物は、地球上にはヒト以外にいない。そこでヒトは、さらに妊娠期間が長く、成長速度が遅く、寿命が長くなっているに違いないと予測される。そうではあるのだが、よく見ると奇妙なところがいくつかある。

短い妊娠期間と早い離乳、長い子ども期

体重がおよそ四〇キロ、脳重が三八〇グラムのチンパンジーの妊娠期間がおよそ二三〇日であるのに対し、体重がおよそ五〇キロ、脳重が一三〇〇グラムのヒトの妊娠期間は、たった二七〇日前後である。どう見てもこれは短すぎるではないか。

哺乳類なのだから、生まれた赤ん坊は母乳で育つ。では、ヒトの赤ん坊は何歳で離乳するのだろうか。現代の工業化社会ではなく、古今東西の小規模伝統社会の子育てを見ると、平均二・八歳である。チンパンジーはどうかと言うと、なんと四歳半であって、逆にヒトよりも遅い。つまり、ヒトは脳が非常に大きいにもかかわらず、妊娠期間も授乳期間も、そこから予測されるより短いのだ。

チンパンジーの子どもは五歳近くまで母乳を飲んでいるが、いったん離乳したら、後は独力で食物を食べ、独力で移動して生きていく。一方、ヒトの子どもは三歳前に離乳したからといって、とても独りでなど食べていけない。第一、歯も全部生えそろってはいない。からだはまだ小さく、とてもおとなと同じように歩くこともできない。この意味するところは、脳が大きいだけ、ヒトの成

長速度はたしかにとても遅いのだが、母親からのエネルギー供給のみに頼っている期間は、逆に非常に短いということである。

ヒトは直立二足歩行なので、産道をあまり大きくすることはできないのだ。産道の開口部が大きすぎると腹腔内臓がそこから落ちてしまうし、歩行能力にも支障を来たす。その一方で脳が大きく、胎児の脳は速いスピードで成長していくので、妊娠期間があまり長くなると産道を通り抜けられなくなってしまう。だから、ヒトは生理的に早産になるように進化した。チンパンジーの新生児の脳はおとなのサイズの三六パーセントであるが、ヒトの新生児の脳は、おとなのサイズの二五パーセントの状態で生まれてくる。

そこで、ヒトでは出生後も胎児の頃と同じようなペースで脳がどんどん大きくなっていく。そして、およそ七歳でおとなと同じ大きさに達する。その時、からだはまだおとなの大きさの三〇パーセントほどでしかない。第一大臼歯が生え始めるのが六歳頃、おとなと同じ効率で歩けるようになるのは七歳である。離乳は早いのだが、離乳後も長らく子どもはおとなに頼って暮らさざるをえない。

「子ども」というのは、離乳が終わってから性成熟に達するまでの時期をさすものだが、他の哺乳類の子どもはみな食物獲得の点では自立している。脳が大きいヒトのおとなは、複雑な技術や高度な社会関係を駆使して食物を獲得している。そういうスキルを学ぶにも長い時間がかかる。自分で自分の食物を獲得できるようになるという意味で一人前になるのは、狩猟採集民の社会でもおよそ二〇歳頃である。それまでは誰かに養ってもらわねばならない。これほど長い間にわたって自立しない子どもという存在は、ヒトに固有である。

また、ヒトには、思春期のスパートがある。これは、一四歳頃から急激にからだが大きくなる現象だが、類人猿にはないらしい。おそらく、ヒトの場合、初期にはほとんどのエネルギーを脳の成長に注ぎ、からだを小さめに抑えておいて、後でどっとからだの成長に回すというスケジュールになっているのだ。

ところで、ヒトの子どもが三歳前に離乳するということは、そのあたりで次の赤ん坊が生まれるということだ。しかし、上の子どもは一向に自立していない。ということは、ヒトは一産一子ではあるものの、実際にはリッター・サイズ（一腹の子どもの数）が多いのと同じだということだ。生まれたばかりの乳飲み子がいて、まわりをうろうろ歩き回る四歳ぐらいの子どももいて、さらに八歳ぐらいの子どももいて、全員手がかかるというのは、ヒトという生物ではめずらしくない状況なのだろう。

短い繁殖期間と長い寿命

野生チンパンジーの生態の研究はたいへんに時間がかかる。最近になってやっと、彼らの生活史パラメータに関する詳細がわかるようになった。それによると、チンパンジーの雌の繁殖期間はおよそ一二歳から四五歳まで、そして、繁殖終了後しばらくして死亡するということらしい。

ヒトはどうだろうか。確実な避妊手段があり、高度知識社会になった現代の工業化社会ではなく、小規模伝統社会におけるヒトの繁殖スケジュールを見ると、ヒトの女性の繁殖期間はおよそ一六歳から四五歳まで、そして繁殖終了後も寿命がかなり長く続く。ヒトは成長速度が遅いので、繁殖開始年齢はチンパンジーよりも遅れる。ところが、産み終わり年齢はチンパンジーとあまり変わらないので、繁殖可能期間はチンパンジーよりも短い。一方で、潜在寿命はと言うと、チンパンジーの二倍ほどもあるのだ。

現代の先進国は、医療や社会福祉のおかげで長寿、高齢化の社会になったが、一昔前は人生五〇年などと言われていた。そこで、寿命が長くなったのは最近の出来事だと思われることがある。しかし、ヒトという生物の潜在寿命は、昔から長いのである。平均寿命が短かったのは、乳幼児死亡率が高かったからだ。一万年前でも一〇万年前であっても、一握りの年寄りは常に存在した。昨今の高齢化社会が特殊なのは、大部分の人が長寿になることなのだ。

まとめると、ヒトの成長は非常に遅く、子どもは長い間養われねばならないが、母親のみからエネルギー供給を受ける期間は非常に短い。一産一子にもかかわらず、同時期に面倒を見なければならない子どもの数は多い。繁殖の開始は遅く、一方、繁殖終了後の年寄りも存在する。ここから見えてくるのは、親のみが子育てをするのではない、「共同繁殖」という姿だ。次章では、それについて考えてみよう。

第4章　ヒトの子育て——ヒトは共同繁殖

前章では、ヒトの生活史のパターンの特徴について検討してみた。ヒトは脳が大きく、高い認知能力を持っている。そのようなヒトのおとなは、他の動物には見られない様々な複雑な行動を示す。このような大きな脳を育てるには、それなりのコストがかかる。そして、ヒトの生活史のパターン、つまり、ヒトが生まれてから死ぬまでの成長と繁殖の時間配分が、脳の大型化に伴って大きく変化したことを述べた。

そこから導かれた結論は、ヒトは親だけでは子育てができない、ヒトは共同繁殖である、ということであった。本章では、それについて検討してみよう。

動物の繁殖と子育て

有性生殖する生物には、必ず母親と父親がいる。この親たちがどのように子育てするかには、理論的に四つの場合が考えられる。①両親ともに世話をしない場合、②母親だけが世話する場合、③

父親だけが世話する場合、④両親がともに世話する場合である。

動物界を広く見渡すと、この四つのすべてが見られる。これらがどのような場合に進化するかについては、ジョン・メイナード＝スミスらによるゲーム理論的分析が有名である。すなわち、母親または父親が、出産または産卵後にもとどまって世話をする時の適応度の上昇と、とどまらずに次の繁殖の機会を探しに行った時の適応度の上昇とを比較検討するのである。

しかし、それはさておき、哺乳類という動物群は、母親が妊娠、出産し、授乳するという特徴を持つため、母親の世話が必須である。そこで、①と③の可能性はなく、②母親だけが世話をするのか、④両親がそろって世話をするのかが問題になる。広く引用されている数字によると、哺乳類の九五パーセントでは母親のみが世話をしており、父親である雄は何もしない。

それでは残りの五パーセントではどうなのだろう。これが両親ともに世話をするという四番目のカテゴリーであるのだが、そう分類される哺乳類の多くは、実は両親だけが世話をするのではない。親以外の個体も、何らかの形で子育てにかかわるのである。

一方、鳥類は哺乳類とは対照的だ。鳥類も生みっぱなしで親の世話がないという状態は不可能なのだが、鳥類の九五パーセントが両親そろって子どもの世話をする。スズメやツバメで、日常的にもよく見る姿である。

残りの五パーセントは母親または父親の片親のみによる子育てである。たとえば、クジャクは母親だけが子どもの世話をし、父親は何もしない。父親が誰かもわからない。それとは逆に、レンカクなどの鳥では、母親は産卵後にいなくなってしまい、父親が単独で子育てを行う。鳥類は、産卵は母親がするものの、外に産み出された卵を抱いたり、かえったヒナに給餌したりする仕事は、母親、父親のどちらでも可能なのだ。

この鳥類でも、両親が子育てする九五パーセントの中に、両親以外の個体が子育てにかかわる種類がかなりある。親以外の個体が子育てにかかわる繁殖様式は、共同繁殖と呼ばれている。

鳥類と哺乳類の共同繁殖

共同繁殖では、繁殖ペアとしての両親がいて、さらに親以外の個体が子育てにかかわる。そのような親以外の個体をヘルパーと呼ぶ。鳥類では、いろいろな分類群にまたがる合計三五〇種以上がこの繁殖様式を持つ。日本の鳥の中ではオナガが代表的だ。哺乳類では、正確な種数はわからないが、新世界ザルのタマリンとマーモセットの仲間、イヌ科のオオカミやコヨーテ、マングースの仲間（図４－１）、地下に穴を掘って暮らしているハダカデバネズミなどのげっ歯類で見られている。

動物の子育ては、メイナード＝スミスらの分析にあるように、親が育てるか育てないかの問題であって、親でない個体が自分の子どもではない子どもの世話にかかわることは普通はない。だからこそ、共同繁殖はなぜ存在するのか、ヘルパーはなぜ子育てを手伝うのか、手伝うことでヘルパーにとってどんな進化的利益があるのかという問題が、もう四〇年以上にわたって検討されてきた。

鳥類でも哺乳類でも、共同繁殖の実際の様子は、種ごとにいろいろと異なる。しかし、ヘルパー

図 4-1　共同繁殖するマングースの仲間のミーアキャット（撮影・提供：沓掛展之）

がいる種は、子どもが無力な状態で生まれてくる、子どもにとって得にくい餌を食物としているなど、親にとって子育ての負担が大きい種類である。実際、いろいろな種における長期的な研究では、親は、ヘルパーがいると、いない時よりも多くの子どもを育てることができる。

では、誰がヘルパーになるのだろう。ヘルパーは、繁殖ペアのそれ以前の子どもであって、世話をする子どもの兄姉であることが多い。この場合、兄姉はすでに自分自身が繁殖年齢に達していても親もとにとどまり、弟妹の世話をしている。つまり、普通は性成熟とともに親もとを離れて分散し、自分で繁殖なわばりを持つところを、分散せずにとどまっているのである。そこで、その理由を調べたところ、繁殖なわばりの空きがない、繁殖のチャンスが少ないなど、「自立する」オプションが少ないことがわかった。

そこで、出生地からの分散の遅れが生じることと、弟妹の世話をすることとは、セットになって進化したと考えられてきた。もし、自立して繁殖を開始するチャンスがほとんどないならば、親もとにとどまって弟妹の世話をすると、血縁者を助けることになる。研究されている多くの例では、血縁者を助けることとの進化的利益はたしかに上がっていた。

しかし、ヘルパーが全くの非血縁者である場合もある。この場合には、血縁上の利益はないので、他の利益があるはずだ。調べられた限りでは、繁殖ペアが死亡した後のなわばりの獲得や、餌資源へのアクセスや安全性の向上など、様々な別の利益があることが示されている。

なぜ、ある種では共同繁殖が起こり、他の種ではそうでないのかについて、一般的な解答はまだ見つかっていない。ここに述べたような説明はできるのだが、同じような条件にあっても、共同繁殖しない種もある。また、共同繁殖が見られる種でも、いろいろな地域の個体群のすべてで同じような共同繁殖が見られるわけでもない。研究はこれからも続く。

ヒトの繁殖と子育て

ヒトは脳が大きく、子どもの成長が遅い。さらに、おとなの生計活動が複雑で、食物獲得技術をマスターして一人前になるまでに、長い年月がかかる。繁殖ペアがあるかという問題では、ヒトの配偶システムとしては一夫多妻も一妻多夫もあり、一夫一妻とは限らない。しかし、親の役割の重要性に差異はあるとしても、どの文化にも夫と妻というペアボンドはあり、「母親」「父親」というカテゴリーがある。そして、子どもを産んだ女性がひとりで子育てするのが当たり前という社会は存在しない。

前章で述べたように、現代の工業化社会以外のヒトの社会では、赤ん坊は三歳前に離乳し、次の子どもが生まれた。乳幼児死亡率が高いので、三年おきにどんどん子どもが増えていくことはないが、それでも、新たに赤ん坊が生まれた時に、まだ自立しない上の子どもがいることは普通だ。そのような子どもたちは、次の赤ん坊の世話をする大事なヘルパーである。特に、義務教育の普及以前の社会では、子どもの異年齢集団が下の小さな子どもを世話し、ある種の教育の役割も負っていた。日本でも、戦前までは、まだ小さな子どもがさらに下の子の子守りをすることは普通にあった。

一方、前章でも述べたように、ヒトの寿命は長く、繁殖を終了した後の老人が、かなり元気で潜在的に長寿命である。この「おじいちゃん」「おばあちゃん」も、子育ての重要なヘルパーであったし、現代でもそうである。

ヒトの場合、兄姉はまだ自分自身の繁殖開始前なので、鳥類や哺乳類のヘルパーのように、自らの繁殖のチャンスを犠牲にし、出生地からの分散を遅らせているわけではない。しかし、自らは繁殖をしていない個体である。老人もそうである。つまり、ヒトの個人の繁殖可能期間は比較的短いが、その子育てには、繁殖開始前と繁殖終了後の多くの個体がヘルパーとして重要な役割を果たしている。

さらに、どの伝統社会を見ても、自ら繁殖中のおとなも、自分の子どものみならず、他の家の子どもの世話もしている。ヒトの育児は、決して離乳で終わらない。その後も何年も続く世話には、食事を与えること、危険を回避すること、しつけ、教育など多くの仕事が含まれる。

現代社会では、核家族が普通で、母親こそが育児の責任を持つものであるかのように社会通念が作られてきた。しかし、それは違う。親の役割はもちろん重要だが、「子どもは社会で育てるもの」という考えは、一つの政治理念や社会思想ではなく、ヒトの生物学的な特性なのだと理解するべきだろう。

次章では、これと関連して少子化の問題を扱い、第6章では、ヒトの生計活動と共同作業について考えてみたい。

第5章　進化生物学から見た少子化——ヒトだけがなぜ特殊なのか

ヒトは大繁栄し過ぎである

少子化問題は、今や日本だけでなく世界の先進国を悩ませている。夫婦一組が二人以上の子どもを持たねば、個体群は増えていかない。生物は本来、資源がある限り最大限に繁殖するように作られているので、先進国のように資源が豊富であるにもかかわらず、個人が少ない数の子どもしか望まないというのは、進化生物学的に見て大変奇妙である。

実は少子化という現象は、生物学で数多く報告されている「ヒトだけに見られる現象」の一つである。そこで、本章では「なぜヒトは、一見非適応的な行動を取るのか」「そもそもヒトの行動は進化的な枠組みでは扱えないのか」などについて、進化生物学の立場から分析してみようと思う。ただし、経済学や社会学とは異なり、進化生物学では分析できても処方箋は描けない。どうかそこはご了承いただきたい。

ヒトの歴史を振り返ってみよう。全人口は数百万年前までは一二五万人以下だったが、一万年前に農耕と牧畜が発明されると五〇〇万人に増え、以後すごい勢いで増加した。五億人（一六五〇年）が一〇億人（一八五〇年）になるのに二〇〇年かかったが、一〇億人が二〇億人（一九三〇年）になるのには八〇年、二〇億人が四〇億人（一九七五年）になるのには四五年しかかかっていない。そして、国連の推計では、二〇二二年一一月一五日に世界の人口は八〇億人に達したとのことだ。さて、今回、四〇億人が八〇億人（二〇二二年）になるのに四七年かかっている。その前に二〇億人が四〇億人になるのにかかった四五年よりも、今回は短くなるのではなく、長くなったのだ。やっと、世界の人口増加が鈍くなってきたということなのだろう。

それはともかく、ヒトという生物種は異常な大繁栄をしていると言える。生物がこの速度で永久に増え続けることは不可能なので、どこかで必ず頭打ちにならなければいけない。少子化はその兆しが見え始めた証拠と言えるかもしれない。

ここで、ヒトを生態学的に「肉も植物も食べる雑食で、体重が四五〜六〇キロ程度の大型動物」ととらえ、一平方当たりに生存可能な人数（適正密度）を計算してみよう。適正密度は、草食動物でも肉食動物でも、体重が大きいほど減る。体重六五キロの個体を考えると、草食動物なら一平方キロメートル当たり二匹未満である。草食動物を食べる肉食動物の場合、適正密度はさらに下がり、一平方キロメートル当たり一匹以下の値となる。雑食は肉食と草食の両方をするので、適正密度は両者の値の中間だとすると、ヒトの適正密度は一平方キロメートル当たり一・五匹となる。

ところが、地球上の全人口を全陸地面積で割り算すると、一九九〇年代ですでに一平方キロメートル当たりに四四人ものヒトが住んでいた。適正密度の実に三〇倍である。先進国での少子化という問題とは別に、生物学から見ると、ヒトは多過ぎるのである。それが可能なのは石油などのヒト独自のエネルギーを使っているからだ。

進化生物学――生活史戦略

少子化を生物学的に論じる際、重要なのは「一生の間に何人の子どもを産むか」である。「生活史戦略」と呼ぶもので、「一生の間に時間とエネルギーをどう配分するか」に関する戦略とも言える。

時間とエネルギーは、一つのことに使えば別のことに使えなくなる。これを「トレードオフ」と言う。たとえば、「子のサイズと数」のトレードオフがある。子のサイズが小さいと、一度にたくさん産めるが、そんな小さな子は簡単に死ぬ。一方、子のサイズが大きいと、一度に一匹しか産めない。親が十分面倒を見るので、簡単には死なない。生物界には前者の「多産多死型」の戦略を採る生物もいれば、後者の「少産少死型」の戦略を採る生物もいる(1)。

また、「今年の繁殖と来年の生存率」のトレードオフもある。今年の繁殖に多大なエネルギーを使うと、来年の繁殖は難しくなる。極端な例を挙げると、植物の一年草、昆虫のセミ、魚類のサケは一生に一回しか繁殖せず、全エネルギーをそこにつぎ込んで死ぬ。生物界にはそういう戦略を採る生物もいれば、来年以降にも産む余力を残す戦略を採る生物もいる。

鍵となるのが体重と脳の重さである。ゾウのように体重の重い動物はゆっくり成長し、長生きし、一回の出産で一匹しか子を産まない。一方、ネズミのように体重の軽い動物はさっさと成長し、短命で、一回にたくさんの子どもを産む。体重以上に重要なのが脳の重さである。脳の重さが大きい動物ほど長生きし、成長もゆっくりである。脳が大きいことは、脳を活用できる場所と時間があるということなのだ。

K型とr型の進化

通常、環境が飽和してこれ以上増やすことのできない場所では、子ども一匹に資源をたくさん持たせ、競争力を強くしたほうが有利である。この場合、子どもの数は少なくなる。

一方、環境が飽和していない場所では、できるだけたくさんの子どもを生産し、その中で生き残る子どもに賭けるほうが有利である。この場合、子どもの数は多くなるが、子ども一匹に持たせる資源は少なくなる。

生態学では、前者を「K型」、後者を「r型」と呼ぶ。哺乳類は全体としてK型である。中でも霊長類は極端なK型である。同じ哺乳類でも有袋類のアンテキヌスなどは一回に十何匹と産み、親は一年で死ぬr型である。

霊長類の生活史パラメータ

霊長類は、体重が同じくらいの他の哺乳類に比べると、①妊娠期間が長く、②一産一子で、③体重の割に脳が大きく、④体重の割に成熟年齢が遅く、⑤体重の割に寿命が長い、と言える。たとえばニホンザルの体重は約五キロだが、これを同じく五キロのイヌやネコと比較すると、後者は一歳強で子どもを産めるが、前者は成熟年齢が遅く、五歳にならないと子どもが産めない。平均寿命でも、野生のイヌやネコは約五年だが、野生のサルは十数年生きる。

霊長類の中でも特にヒトは、脳が極端に大きく、成熟年齢はさらに遅く、寿命が非常に長いのだが、妊娠期間だけは短い。通常の動物の脳の大きさと妊娠期間からすると、ヒトの妊娠期間は三年あってもおかしくない[2]。しかし、三年も胎内にいると脳が大きくなりすぎて出産できなくなるので、早く出産しているのである。「生理的早産」と言う。ヒトは、他の動物ならまだ母親の胎内にいる未熟な状態で生まれてくるので、子育てがとても大変になるのだ。

さらに、子どもに投資する期間も長期にわたる。もちろん、最後の独り立ちまで親のみで育てることはできない。保育園もあり、学校もあり、病気になれば医者も要るというように、人間は社会全体で子どもを育てないと、一人前に育て上げられない。

これを「共同繁殖」と言う。親以外の個体がたくさん関わってやっと一人前まで育てる種類の哺乳類である。人間以外に共同繁殖を行う種と言えば、サルの仲間のマーモセット、食肉目のマングースの仲間などで数種類いる。子どもが一人前になって自分でものを食べられるようになるために練習や教育がかなり必要な種は、必然的に親だけでは子育てが困難で、上の兄弟などの血縁者や、非血縁の個体も入って、皆で育てる。人間は、数少ない共同繁殖の哺乳類の一つなのだ。

もう一つ、他の霊長類と比較した時のヒトの特徴として、①産み始めが遅いため、繁殖可能期間が非常に短い、②繁殖期間終了後に二〇年の寿命が残されている、が挙げられる。②は「おばあさんの力」と呼ばれるものである。最もヒトに近いチンパンジーと比較すると、チンパンジーが繁殖可能になる年齢は一〇歳だが、ヒトは一五歳である。両者の繁殖能力はその後同じようなカーブを描いて上昇し、チンパンジーは一〇代後半で、ヒトは二〇代後半で、繁殖力のピークを迎える。その後、三〇歳を過ぎるとどちらも下がり始め、三五歳以降急落していく。

以上を見ると、ヒトは産み始めが遅く、繁殖のピークも繁殖可能期間も短いとわかる。日本などの先進国では、多くの女性が、キャリア形成の時期と重なることもあり、三〇代になって初めて出産を意識し始める。しかし、その年齢ではヒトの生物としての繁殖能力は下降し始めている上に、残された繁殖可能期間も短いのである。少子化の進行の最大の要因は、産み始めが遅いことだと言える。昔の社会や、現代でも一夫多妻制の社会、女性が子どものうちに結婚させられるような社会では、産み始めが早いために多産なのである。

ヒトの繁殖の特徴をまとめると、①脳が非常に大きく、成長に時間がかかる子どもを産む、②子育てが大変で親のみではできず、たくさんの仲間が子育てに関わる「共同繁殖」をする、③女性の繁殖可能期間がかなり短い（繁殖能力は二〇代がピーク、三五歳を過ぎると急落[3]）、の三点が挙げられる。

どこの国でも出生率は低下している

冒頭で述べた通り、適正密度から見た場合、地球上にヒトは多すぎる。生息地に空きが多く、子どもどうしの競争が少なく、繁殖コストが低ければ、どんな動物もr型（多産多死）の戦略を採るが、生息地が飽和し、子どもどうしの競争が激しく、繁殖コストが高ければ、どんな動物も必ずK型（少産少死）の戦略を採るようになる。

哺乳類も霊長類もヒトも、もともと他の動物に比べればK型だが、現在、全世界はますますK型環境に移りつつある。アジアやアフリカやイスラム圏でも、一九七〇年以降、合計特殊出生率は低下した[4]。欧米ではもっと早く、一九〇〇〜四〇年に出生率が急落した。フランスは最も早く、一八八〇年頃から低下し始めた。

日本の合計特殊出生率は、戦後も一九四九年頃までは五前後で推移したが、その後急落し、一九五五年頃から二・一前後になり、一九七五年には二・〇を割り込み、少子化問題が騒がれるようになった。

終戦後しばらくして出生率が急落した背景には、まず、第一次ベビーブームによって人口爆発が危惧されたことから、官民挙げて「夫婦と子ども二人」を標準世帯にするキャンペーンを展開したことがある。公団住宅は「夫婦と子ども二人」を前提に設計され、テレビのホームドラマでも「夫婦と子ども二人」を理想として描いたので、あっという間に浸透していった。

もう一つ、一九四八年に優生保護法が成立し、人工中絶が合法化されたことが重要である。つまり、この時期の出生率の急減は人工中絶の急増とカップリングしている。一九八〇年頃まで、日本は世界の先進国の中で、女性一〇〇〇人当たりの中絶数が断トツに高かったのだ。少子化を考える際には、多くの日本人が様々な事情から胎児を死に至らせたという事実も考慮すべきである。

出生率低下の生態学と人類学

出生率低下を進化生物的から考察すると、男女の間の葛藤と対立も考慮せねばならない。子どもの数は、女性にとっては自分の生理学的限界によって決まるが、男性にとっては一夫多妻制が認められる限り、子育てコストを伴わず、制限なく増やすことが可能だからである。

では、実際に一夫多妻制が存在する場合、男女が望む子どもの数はどう違ってくるだろうか。タンザニアにムピンビーという一夫多妻制を認める部族がいる。部族内では離婚と再婚が多く、同時一夫多妻は稀だが、男性は何度も結婚し、生涯を通せば一夫多妻的である。この部族の男女に「ほしい子どもの数」を尋ねると、最も多かった回答は、女性で四人、男性で六人だった。ただし、男性は最小でも三人の子を望み、中には一〇人以上の子を望む男性もいた。

一方、ケニアのキプシギスという部族では、離婚は少なく、一夫多妻が普通である。この部族の男女に「ほしい子どもの数」を尋ねると、最も多かった回答は、女性で七人、男性で六人だった。

ただし男性の回答は、一夫多妻制のもと、「妻一人当たりにほしい子どもの数」なので、男性がほしい子どもの総数は何十人にもなる。

ところが、人権の概念が浸透し、女性の識字率が向上して社会進出し、地位が向上すると、女性の力は強くなる。女性は一夫多妻を好まないので、男性に一夫一妻的にふるまうことを要求し始める。こうして一夫一妻が浸透し、夫婦で子育てをするようになると、男性の努力の対象は、多くの配偶者を獲得することから、子育てに向けられるようになり、男性の望む子どもの数も減っていく。

先進国では、女性の地位向上と一夫一妻制はすでに定着し、次の段階としてGDPの上昇と教育水準の向上が起きている。その結果、かつては「結婚して子どもを育てる」しかなかった女性の人生の選択肢が大幅に増加した。こうしたことが重なると、夫婦が望む子どもの数は必然的に減少する。欧米諸国で一九〇〇年頃から出生率が急落し始めたのは、こうした変化が日本より四〇～五〇年早く起きたからである。

ヒトの生活史戦略

先ほどの「生活史戦略」をヒトの場合で考えてみよう。「一生の間に使える時間とエネルギーの総和」は、「自己投資」と「配偶者選択」と「子育て努力」に分割される。

昔の女性は、高等教育を受ける、自分の職業を持つ、自分の夢を実現するなどの「自己投資」に時間やエネルギーを費やすことは許されなかった。そのため、昔の女性の生活史戦略は、「自己投資」は健康の維持などの最低レベルに抑えられ、大半の時間とエネルギーを「配偶者選択」の結果である「子育て努力」に費やすしかなかった。

これに対して現代の女性は、留学、大学院、資格、キャリア、趣味、自己実現など「自己投資」の可能性が大幅に増えた。さらに、本人たちは気づいていないかもしれないが、「配偶者選択」にも膨大な時間とエネルギーを投じている。仲人はすでにいなくなり、黙っていても結婚が用意されることはなくなった。恋愛や結婚に関する情報は過多な上、各自の自己評価は高いので、結婚相手に望む条件も敷居が高い。「待っていれば、結婚相手としてもっと素敵な人が現れるかもしれない」と期待し続け、結婚に飛び込む決心がつかなくなる。その一方、子を持つ前から「子育て努力」についても、過大な負担感や犠牲感がふくらんでいる。そこで、親になる自信がなくなり、子の将来に対して漠然とした不安が募る。その結果、現代女性の生活史戦略では、「自己投資」と「配偶者選択」がインフレ状態になる。そうして、結婚しない、子を持たないという選択が多くなり、「子育て投資」は非常に小さくなったと言える。

進化生物学の「少子化」研究の成果

これまでの少子化に関する研究によれば、①先進国ではどこでも、夫婦が持ちたいと思う子どもの数は極端に二人に偏り、②実際に持つ子どもの数も極端に二人に偏り、③夫婦の年収と子どもの数との間に相関はなかった（収入が多くても子どもの数は多くならない。むしろ収入が多いほど子どもの数は減少する。収入が前年に比べて増えても翌年の出生率には影響しない）。進化生物学の理論では、「資源がたくさんあって余力ができれば、子どもの数は増える」となっているので、この結果はたしかに生物としてパラドックスである。

たとえばシジュウカラの場合、今年の資源量が大変に豊富で、親鳥の栄養状態がよく、また雛たちにもたくさんの餌を持ってくることができるのならば、今年産む卵の数が増加し、巣立たせる雛の数も増加する。この例を延長すれば、収入が増えたヒトは持つ子どもの数が増えるはずだということになる。しかし、ヒトと他の動物との間には決定的に異なる事態があるのだ。

それはヒトの場合、収入が増えれば生活にかかる他の支出も増えるし、社会全体が裕福になれば、学歴も上がり、生活レベルも上がるので、「余剰」と言える資源がリニアに増えるわけではないということだ。シジュウカラには生活レベルの向上などないので、資源が増えれば、それはそのまま余剰が増えたことになり、子の数を増やすことに直結するのだ。

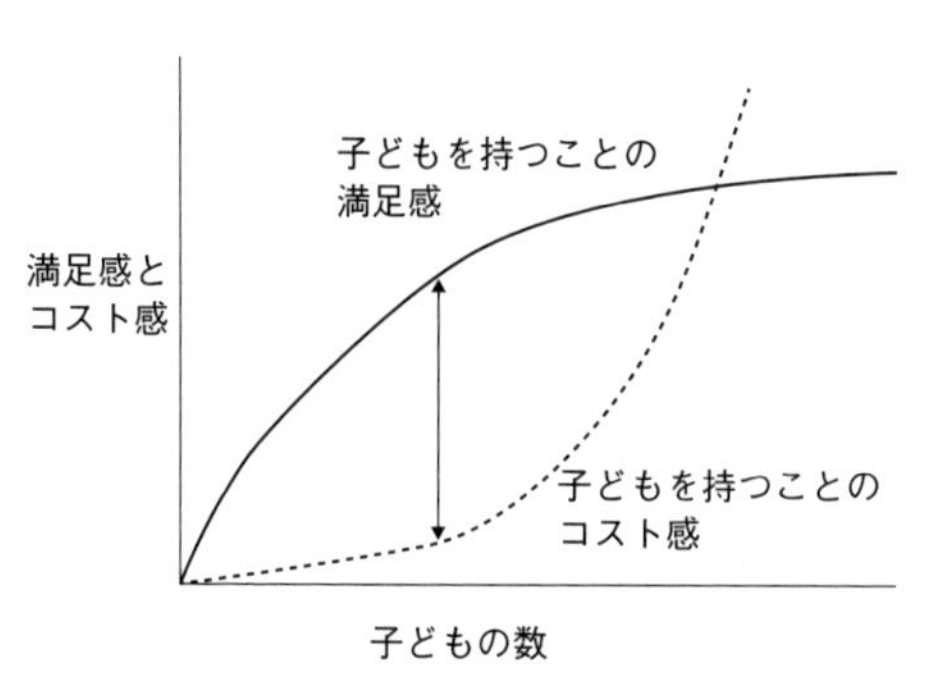

図５-１　結婚した夫婦にとってのコスト・ベネフィット感

それを考慮に入れた上で、「先進国では、なぜ夫婦の収入が増えても子どもの数は二人なのか」について考察してみた（図５－１）。「子どもを持つことの満足感」は、初めての子が生まれた時、最も大きいと思う。二人目が生まれた時も満足感はあるだろうが、一人目が生まれた時ほどではないだろう。以後、三人目、四人目、五人目が生まれるにつれ、「子どもを持つことの満足感」は逓減するだろう。

一方、現代の若者の多くは、「年収六〇〇万円ないと結婚できない」「年収一〇〇〇万ないと子どもは二人持てない」などと思っている。そのため、三人目を持とうとする時、「子どもを持つことのコスト感」が一気に上がるのではないだろうか。おそらく「満足感」と「コスト感」の差が一番大きいのが、つまり総量としての満足感が最大になる点が、二人なのではないかと私は考えている。

少子化について進化生物学の立場から考察して気づくのは、ヒトは「合理的根拠に基づいて計算した養育可能な子どもの数」ではなく、「満足感」「コスト感」という感覚で判断しているということである。

少子化の最大の要因

生態学的見解によれば、「経済発展による環境の飽和とK型社会への移行によって、必然的に出生率が低下する」と言えるので、「いずれどこの国でも〝子どもは二人〟が主流になる」と結論づけられる。

現代日本では、「女性の生理的負担感より、男性の経済的負担感のほうが少子化の一因」である可能性もある。しかし、有配偶者に限ると、結婚した夫婦が実際に持つ子どもの数は、一九七〇年以降、それほど大きく変化してはいない。つまり、「非婚化と晩婚化の増加こそ、日本における少子化の最大の原因」なのである。

注

（1）タラコには二〇〇万個の鱈の卵が詰まっている。これが全部育ったら海はあっという間に鱈だらけになるが、そうならないのは、九九パーセントの個体はすぐ死ぬからで、二〇〇万個のうち二個残れば生物種は存続する。

（2）赤ん坊の脳は、三歳まで胎児の頃と同じ速度で成長する。そのことからも「三歳までは胎児」と言える。

（3）自然妊娠だけでなく、人工授精に用いる卵子についても言える。

（4）一九八〇年から二〇一〇年の合計特殊出生率の変化を見ると、バングラデシュ、インドなどのアジア諸国で六〜七から二〜三へ、エチオピア、ケニアなどのアフリカ諸国でも五〜八から三〜六へ、エジプト、イランなどのアラブ諸国でも五〜八から二〜三へ、と減少している。

第6章　ヒトの食物と人間性の進化

第3章では、ヒトの生活史戦略について述べた。ヒトは、同体重の他の霊長類に比べて大変に脳が大きい。この大きな脳を育てるためには長い時間が必要であり、ヒトの一生のスケジュールは大きく引き延ばされた。

脳の大きなおとなは、様々な技術を発達させ、複雑な社会関係を結んで生計活動を営む。そんなおとなの活動の一翼を担えるようになるまで子どもを育て上げるには、多大な労力が必要となった。親だけでの子育てはもはや不可能である。ヒトの子育ては離乳で終わるものではなく、ヒトは共同繁殖の動物だと考えるべきである。

それでは、ヒトはなぜ様々な技術を発達させ、複雑な社会関係を結んで生計活動を営むようになったのだろう？　ヒトは、何を食べてヒトになったのだろうか。本章では、ヒトの食物と人間性の進化との関係を探ってみたい。

食物選択と進化

“What you are is what you eat”という言い回しがある。「あなたがどういう存在かと言えば、要はあなたが食べたものの成れの果て」という、ちょっと皮肉っぽい、斜に構えたもの言いである。その哲学的、文学的意味合いはともかく、ある生物が何を食べるかは、その生物の進化にとって非常に重要な要因である。食物は、まさにそれを食べる者の存在を変えるのだ。

有名な例の一つは、ガラパゴス諸島に住むダーウィンフィンチという鳥の仲間である。南米エクアドルの沖合一〇〇〇キロにあるガラパゴス諸島には、もともとフィンチはいなかった。そこに南米本土からフィンチが渡ってきた。それはおそらくたった一種だったのだろうが、その後、一四種に分かれて進化した。その種分化の鍵は食べ物である。

鳥にとって嘴（くちばし）は、食物を採取するためのペンチのような道具である。いろいろな作業をするにあたって最適な形と大きさのペンチがそれぞれ異なるように、何を食べるかによってどんな形と大きさの嘴が最適であるかは異なる。昆虫を食べるようになったフィンチの嘴は小さくてとがった形になり、果実を食べるフィンチの嘴は大きくて分厚くなった。その中でも、小さな果実を食べるものから大きくて堅い木の実を食べるものまで、段階的にいくつもの分厚さの嘴を持つ種が進化した（図6-1）。

食べ物が変わると嘴の形が変わる。しかし、それは嘴だけにとどまらない。食べ物が変われば、飛び方も採食行動もなわばり形成の仕方も変わる。嘴の形状が変われば、鳴き声も変わる。そこで、

図 6-1　フィンチの嘴（Weiner, J. (1994). ***The beak of the Finch. A. A. Knopf.*** **：左上が基本形）**

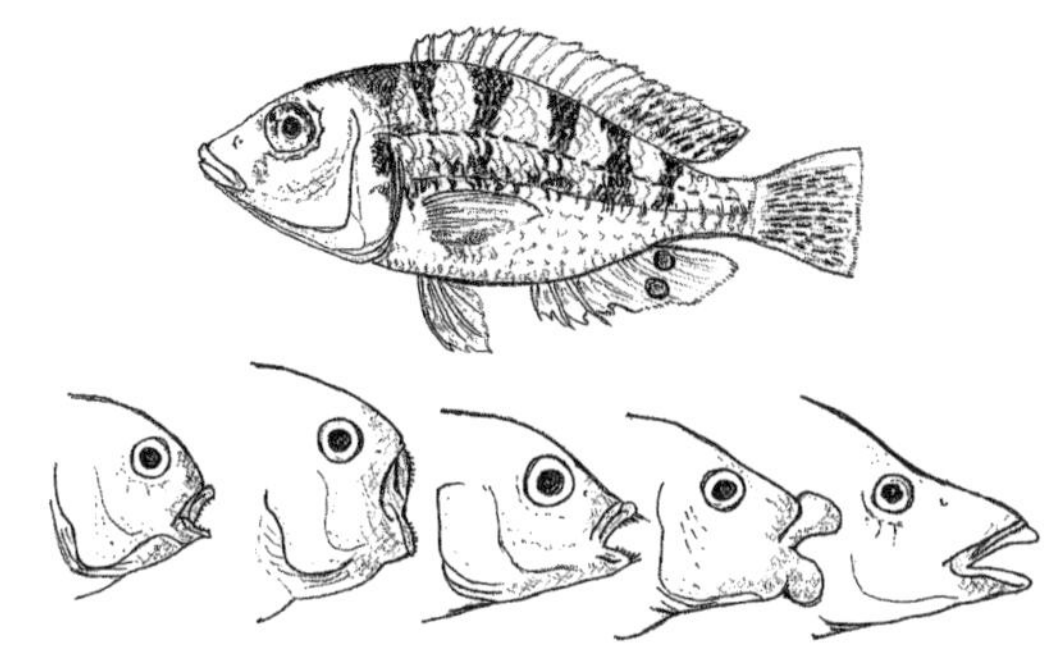

図 6-2　シクリッドの口と頭（筆者によるスケッチ：上が基本形）

食べ物が変わると種分化が起こるのである。

同じようなことは、アフリカのビクトリア湖の魚であるシクリッドについても当てはまる。ビクトリア湖は非常に浅い湖で、できてから一万四〇〇〇年ほどしか経っていないと考えられている。現在見られる様々なシクリッドの種は、その時に入ってきたたった一種から分岐して進化した。この多様な種分化においても、食べ物は鍵であった。藻を食べるもの、他の魚を食べるもの、プランクトンを食べるものなど、食性によって口の形が異なる（図６－２）。そして、それによって様々な習性も異なるようになり、種が分化した。

霊長類の食性、類人猿の食性

私たちヒトは、昼行性の霊長類である。昼行性の霊長類の主食は果実や葉などの植物だ。昆虫も食べるので完全な草食ではなく雑食だが、他の哺乳類の肉を食べる肉食の霊長類はほとんどいない。私たちに最も近縁な霊長類は大型類人猿であり、彼らもみな果実と葉を中心とする植物食者である。中でもヒトに最も近縁なのはチンパンジーであるが、このチンパンジーが例外的に肉食をする。カモシカの仲間やイノシシなどの有蹄類や、アカオザル、アカコロブスなどの霊長類を捕食する。

ヒトは雑食であり、かなりの程度肉食をする。したがって、肉食をするという傾向は、ヒトとチンパンジーの共通祖先ですでに芽生えていたと考えてよいだろう。しかし、ヒトとチンパンジーではその度合いが全く異なる。チンパンジーは最も肉食傾向の強い霊長類ではあるものの、肉食は採食時間で表して二パーセントに満たない。狩猟と肉食の大半はおとなの雄の行動であり、肉の摂取量には大きな個体差がある。一頭のチンパンジーが毎日摂取する肉の量に換算すると、たった一〇グラムほどでしかない。

一方、ヒトの食物に占める肉の割合は非常に大きい。現在でも狩猟採集生活をしている集団は世界中にいくつもあるが、アフリカ、南米、オーストラリア、アジア、北米などの九つの狩猟採集民の集団で見ると、ヒトは二六〇～一三六〇グラムの肉を毎日摂取している。チンパンジーと比べると一〇〇倍と言ってもよいくらいだ。

霊長類は食肉目ではないので、獲物を狩るのに有効な爪も牙も持っていない。その状態で捕ることのできる肉の最大量が、チンパンジーの摂取量なのだろう。そこからさらにヒトがこれほどの量の肉を得るためには、高度な狩猟技術を発達させねばならなかった。現代の狩猟採集民にとっても、肉を得るのはかなり難しい技なのである。

その他の食物でも、ヒトとチンパンジーはかなり異なる。チンパンジーの食物の中で、ただ手でもぎとって口に入れれば食べることのできる食物の割合は、採食時間にして全体の九一〜九九パーセントである。殻を開ける、地面を掘る、道具を使うなど、何らかの加工をしなければ食べられない食物の割合は、ほんの数パーセントにすぎない。一方、ヒトの狩猟採集民の諸集団では、摂取カロリーで見ると、ただ採集すればよいような食物は〇・六〜二〇パーセント、何らかの加工が必要な食物の割合は、二〇〜六〇パーセントである。

ここから見えてくることは、ヒトの食性が他の霊長類一般や類人猿のそれとはかなり異なっているということ、そして、ヒトはかなり獲得の困難な食物に頼っているということである。

では、いつからこのような食性になったのだろうか。それは、森林からサバンナへと生息地を変えた時以降であるに違いない。アフリカのタンザニアの遺跡の分析からも、初期のホモ属が大量に肉食していたことがうかがえる。そして、先に述べたように、食性の変化は必然的に様々な形態の変化をもたらす。二〇〇万年ほど前に出現したホモ属は、からだの大きさが大きくなり、相対的に下肢が長くなるように、からだのプロポーションも変化した。もう一つ大きな変化がある。腸が短くなったのだ。

チンパンジーやゴリラ、オランウータンを動物園で見た人は、彼らのおなかがずいぶん大きいと感じるかもしれない。太っているというわけではないのだが、おなかがかなりふくれている。それは、葉や果実などの植物から栄養を得るには大量に食べねばならず、しかも、それを分解するのに長い時間がかかるため、彼らの腸はヒトのそれよりもずっと長いからだ。その長い腸を収めておくために、おなかが大きくなるのである。

類人猿の腸とヒトの腸を比べると、ヒトのほうがずっと短い。また、ヒトが食べた食物が腸を通過する時間は、類人猿のそれよりもずっと短い。それは、ヒトの食物が非常に栄養に富んでいるからだ。二〇〇万年前のホモ属の出現に伴ってこのような変化が起こったのであるから、ホモ属はそれ以前のアウストラロピテクス類などに比べて、格段に栄養価の高い食物をとるようになったのである。その第一候補は肉である。私たちの遺伝子には、特に動物の肉と脂肪を代謝することに関連した遺伝子も存在する。

しかし、肉は、先に述べたように、食肉目ではない私たちにとって捕るのが大変難しい。ホモ・エレクトスが持っていたアシュレアン型の精巧な石器や槍を使ったとしても、その石器や槍を作ることも含めて、個人が単独で捕るのは難しい。また、サバンナにはヒトをも食べようとする本職の食肉目もたくさんいる。それらと闘うのも個人では無理だろう。

こうして、サバンナに進出して食性を大きく変えざるを得なくなったヒトには、同時に、緊密な社会集団を作り、互いに協力して共同作業をすることも必須になったに違いない。

火の使用と調理

もう一つ、ヒトの食性に関して極めて重要なことがある。それは、火を使って調理をすることだ。これまでに記録されているすべてのヒトの文化で、調理が行われている。食物を何でも生で食べるのが当たり前の文化はない。調理は食物から栄養を得る過程を容易にするので、肉であれ植物食であれ、調理することによって、さらに栄養とエネルギーの獲得効率が上がる。

ハーヴァード大学の人類学者、リチャード・ランガムは、調理することこそがヒトをヒトに進化させたと論じている。それには私も賛成だが、彼は、調理の対象として重要なのは、肉よりもむしろイモなどの根茎ではなかったかと言う。デンプン質の消化がヒトの食性において重要であるのは事実である。それは遺伝子にも現れている。

ヒトの進化で最も重要だったのがイモか肉かの決着はついていないが、時間的にどちらが先かはさておき、双方ともに重要であったのだろう。しかし、ここで述べたいのは、肉にせよ根茎にせよ、ヒトにとっては得るのが困難であり、ヒトがそのような食物ニッチに進出するには、社会生活を劇的に変えねば不可能であったということだ。他者と協力することによってみなが恩恵を得る協力的知能の進化は、困難な食物獲得に対する一つの適応であったと言えるかもしれない。

ヒトの祖先がなぜ森林を出てサバンナに進出したのか、その理由はわからない。寒冷化、乾燥化に伴ってアフリカの森林が縮小する中、類人猿との競争に負けたのかもしれない。出て行った先のサバンナの植生は、森林とは全く異なる。そこで獲得困難な食物を得るしか生きていけなくなったことこそが、ヒトをヒトたらしめたのかもしれない。まさに、"What you are is what you eat" である。

第7章　ヒトにはどんな性差があるのか

第6章までで、ヒトの進化において重要であったと思われるいくつかの性質について論じてきた。現生の動物の中で最もヒトに近縁なチンパンジーとの比較を出発点とし、ヒトに固有な性質の進化を考えようとしている。

さて、これまではヒトと一般にひとくくりにし、男と女を別々には考えてこなかった。今回は、性差という問題を取り上げてみよう。しかし、性差の問題は非常に議論の多いところである。まずは、話を始める前段階から。

性差についての「言説」

昨今、ヒトの性差について述べるのは非常に難しい。なぜなら、性差についての議論は性差別の問題と密接に関連しているからだ。フェミニズムが性差別を糾弾し、セックスとジェンダーの概念を分離して以来、議論は白熱している。生物学的な性はセックスだが、人間社会では文化によって定型化された「女性性」「男性性」があり、それが男と女の差異を作り出す。そちらがジェンダーであるが、ジェンダーの影響のほうがよほど大きいので、生物学的な性差について論じるのは、およそ意味がないという意見も強い。

そういう雰囲気の中で、「差異がある」という記述は容易に価値観と結びつけられ、「差別を正当化している」のと同じ意味に取られる。性差を研究することのすべてが何らかの価値観や政治的主張と結びつけて論じられ、性差に関する記述はすべて「言説」と呼ばれる。あたかも、生物学も特定の価値観の上になされていて、客観的事実など存在しないかのようだ。

セックスとジェンダーの関係についても、基本的に生物学的な性差（セックスによる違い）はあるが、文化がそれに修飾を加え、ジェンダーが形成されるという考えから、セックスによる違いは精巣か卵巣かの違いのみであり、後はすべて文化が作り出すという考えまで、意見は様々だ。実際のところはどうなのかと言えば、「実際のところ」などというものも研究者の価値観と先入観によって左右されるので客観的な「言説」など存在しないという意見も出てくる。議論は時に非常に感情的になる。

数年前、脳科学と教育に関する小さな国際会議に出席した。脳の性差に関してレビューしてほしいということだったのでそういう話をしたが、参加者のほとんどがそんな話など聞きたくもないと思っていることは明らかだった。主催者の一人は私の発表をなるべく早く切り上げようと躍起になっており、討論の時間帯では性差は全く取り上げられなかった。私もたいした話をしなかったのは事実だが、この「敵意」はすさまじかった。

性差に対する私の考え

そこで、まず初めに私の「政治的立場」をはっきりさせておこう。私は、科学であれジェンダー・スタディーズであれ、およそ人間の知的活動は何でも、価値観と先入観に左右されるだろうとは認める。しかし、自然科学は、人間の知的活動の中では最もそのような歪みを正す有効な手段を備えた活動だと思っている。それは、科学が、実験や観察による検証という手段によって、仮説の修正機構を内包しているからだ。いかに人間が望んでも、天動説を守り続けることはできないし、いかに人間が気に入らない実験結果を無視しようと、やがては事実が自らを明らかにする。

そういうわけで、生物学や脳科学の研究成果を厳密に検討していけば、人間の性差について、かなり客観的な判断に到達することはできると考える。たとえ、私自身がある種の偏見を持っていたとしても、それを検証していく手段を科学は備えている。

そこで、「私の偏見」(私の仮説)であるが、まず、人間の生物学的性差は、哺乳類、霊長類としての進化の名残りとして様々な側面に存在すると考える。その上で、ヒトの進化の過程でも、性差を生み出す状況はあった。そして、文化はその性差を増幅するように働いていることが多い。生物学的性差と文化による影響を分離して考えようとする人たちは、文化があたかも独立して存在するかのように論じるが、私はそれは違うと思う。文化を持つことを可能にしている性質自体が、ヒトの脳の生物学的性質の一つなので、文化の生成や伝搬自体にヒトの生物学的性質が関与している。だから、セックスとジェンダーはなかなか分けられないだろうと考える。

そして、歴史的に性差の認識が性差別と密接に関連してきたのは事実だが、差異を認めることと差別を正当化することとは、論理的に別物である。差別を恐れて差異を認めようとしないのでは、科学的に誠実ではない。性差を認識し、それを差別に結びつけない方策を見出すことはできると、私は信じているし、そのためには性差を十分に研究しなければならないと考える（と、このように議論は白熱してくる！）。

こういった理性的な議論を超えたところでさらに言えば、性差が存在することは、社会と人生をなかなか魅力的なものにしていると私は感じる。もちろん、私もこれまでの人生で性差別を実感してきたし、セクハラその他、性差別に関連した被害に実際にあってきた。現代に至るまで日本社会に連綿と存在するジェンダー・ステレオタイプには辟易とする。若い時に比べれば少なくはなったが、今でも性差別的な状況にあって不愉快に感じることは多々ある。フェミニストかと聞かれれば、そうだと答えるだろう。

それでも、男と女があることを私はおもしろいと感じ、男性性と女性性のあることに魅力を感じる。だから、すべてが中性的になってジェンダーが消えることが理想的だとは思わない。しかし、それは、私がこれまでの人生でいろいろ問題に遭遇しはしたものの、結局のところ、「女であること」を楽しんで生きることができたからなのかもしれない。もしも、それを本当に楽しめない人生であったなら、今とは異なる意見を持っていたかもしれないだろう。

性淘汰——性差の存在に関する理論

性差の存在に関して科学的な説明が必要だと感じた最初の生物学者は、チャールズ・ダーウィンだった。彼は、現生の生物がなぜこのようにできているのかについて説明する理論を構築した。それが、自然淘汰による進化の理論である。その生物が置かれた環境の中でいかに生存し、繁殖していくかという点で、個体間に差異があり、それが遺伝するのであれば、環境に適応した性質が集団の中に広まっていく。これが、自然淘汰である。

しかし、それならばなぜ、同種に属する雄と雌の間に差異ができるのだろうか。雄と雌とは、からだの大きさも、角や牙などの付属物を持っているかどうか（図7-1）も、色彩も、行動も異なる。実際、無脊椎動物から脊椎動物まで動物界を広く見渡すと、さなぎから出てくる時期にも、渡りの時期にも、生まれた場所からどれほど遠くまで分散するかにも、死亡率にも、寿命にも、ありとあらゆる性差が見られる。

ダーウィンはこのことに気づいていたので、それが自然淘汰の理論では説明できないことを承知していた。同種の雄と雌とは、同じ生息場所に同じ期間住んできたのであるから、環境に対する適応としては、同じものを身につけるはずなのだ。彼は、クジャクの雄の羽があれほど長くて豪華であるのに対し、クジャクの雌が非常に地味であることに、その難問の象徴を感じ取った。一八六一

図 7-1　アフリカのグレーター・クードゥ（ウシ科）
雄のみがねじれた大きな角を持つ。

年、アメリカの生物学者、エイサ・グレイに宛てた手紙の中で、「クジャクの尾羽を見るたびに気分が悪くなります」と書いている。[1]
　ダーウィンはその答えを見つけた。それが、性淘汰の理論である。雄と雌とは、同種に属していても、繁殖をめぐる競争のあり方が異なるのだ。配偶相手の獲得をめぐって、雄どうしには激しい競争があるが、雌どうしにはそれほどの強い競争はない。むしろ、雌は、多数の雄の中からどの雄が好きか、選ぶことができる。この雄どうしの競争と雌による選り好みの結果が、ありとあらゆるところに現れる性差の原因である。
　ダーウィンは、観察に基づいてこの結論を導き出したが、理論的に精密化することはできなかった。たとえば、雌どうしが激しく競争して雄を奪い合うような種も、シギの仲間など、少数ではあるが存在する。それはなぜか、そもそも雄どうしの競争が一般に激しいのはなぜか、ダーウィンは説明しなかった。
　それらについて最終的に理論が整備されてきたのは、一九九〇年代になってからである。それは、潜在的な繁殖速度の差異である。一回の繁殖から次の繁殖へと、潜在的にはどれだけの速度で繁殖できるかということに雄と雌とで違いがあれば、表面的な頭数は同じでも、実は、どちらかの性が余っていることになる。もしも、雄が子育てに全く関与しないのであれば、精子という小さな配偶子をたくさん作る雄は、次々に雌を見つけて配偶することができる。しかし、雌が子育てをするなら、雌はそれと同じ速度で配偶することはできない。すると、雄余りの状態になり、雄どうしの競争が激しくなる。

その逆が起これば雌が余ることになり、雌どうしの競争が強くなる。実際、そのような種は存在する。しかし、雌が全く子育てをせず、雄のみが子育てし、かつ雌の卵準備速度のほうが雄の子育て速度よりも速いという種は非常に少ない。だから、普通は雄間競争のほうが雌間競争よりも激しいのだ。ダーウィンの基本線は正しかった。繁殖をめぐる競争のあり方が異なると、雄と雌は非常に違った性質を持つようになる。

この違いを原点として、雄としての生き方と雌としての生き方には、かなり異なる淘汰圧がかかることになる。では、すべての種類の雄や雌は同じような性質を持つようになるかというと、そうではない。繁殖をめぐる競争のあり方は、子育てのやり方や配偶システムなどに影響され、それらは生物の種ごとに異なるからだ。したがって、性差について検討するには、性淘汰の理論をふまえた上で、個々の種の状況を詳しく調べねばならない。他の動物の雄や雌がやっていることをそのまま延長して、ヒトの性差を論じることはできない。

では、次章から、具体的にヒトの性差について取り上げていくことにしよう。

注

（1） 性淘汰の理論については、長谷川眞理子（二〇〇五）．クジャクの雄はなぜ美しい？ 増補改訂版 紀伊國屋書店を参照のこと。

第8章　ヒトのからだの性差と配偶システム

第7章では、ヒトにおける性差を取り上げるにあたっての前座の部分について、私の考えを述べた。そして、動物の性差を考えるための基本的な理論として、性淘汰の理論があることを紹介したが、これから、この理論をもとに、ヒトにおける生物学的性差のいくつかについて検討していこう。しかし、これはそれほど簡単な話ではないのである。

からだの大きさの性差

多くの哺乳類がそうであるが、ヒトも男性のほうが女性よりも大きい。体重は食の条件による変動が大きいので、身長で比べてみると、世界中どこの人々をとっても、だいたいにおいて男性の身長は女性のそれのおよそ一・〇八倍である。男性の平均身長が高い集団では女性の平均身長も高い。そこで、男性の平均を女性の平均で割ると、どこの集団でも一・〇六〜一・〇九になる。平均体重で比べてみても、ヒトの男性は女性のおよそ一・二倍である。

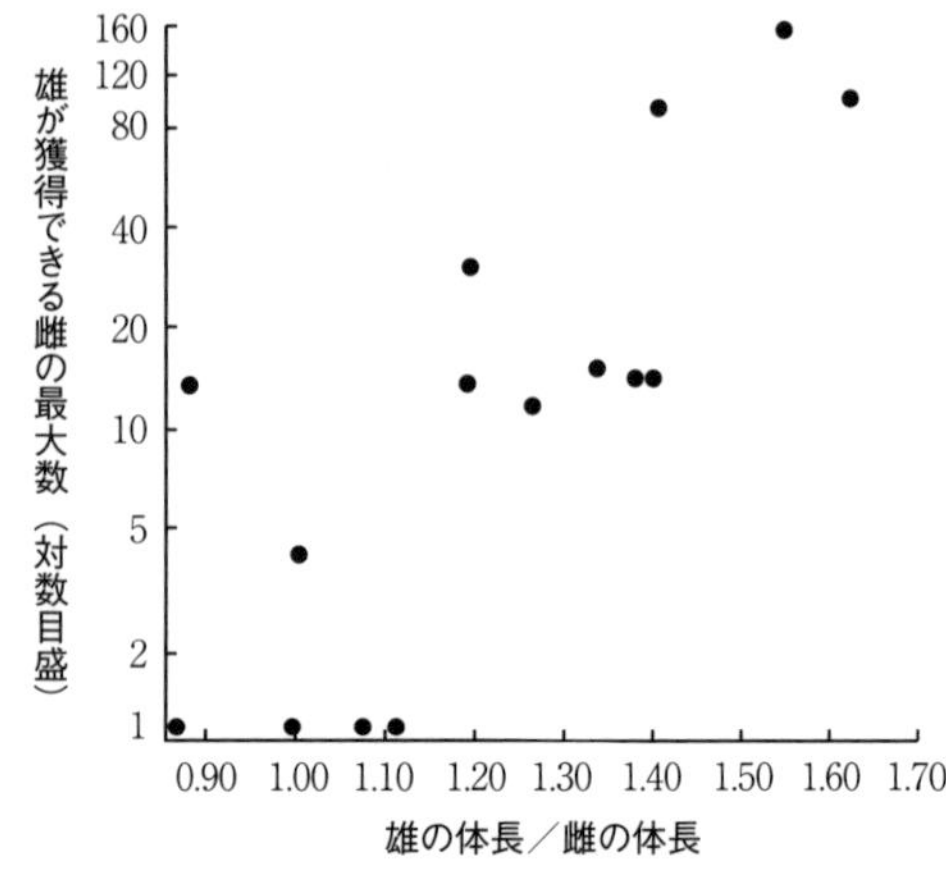

図 8-1　鰭脚類の雄のからだの相対的な大きさと獲得できる雌の最大数との相関（Alexander, R. D. *et al.* (1979). Sexual dimorphism and breeding systems in pinnipeds, ungulates, primates and humans. In N. Chagnon & W. Irons (Eds.), *Evolutionary biology and human social behavior* (pp. 402-435). Duxbury.）

からだの大きさの性差は、雄間競争の強さによって大きく変わる。性淘汰の理論が示すのは、配偶相手を獲得するための雄どうしの競争が強いほど、雄のからだが大きくなるということだ。このことは、有蹄類と鰭脚類（アザラシの仲間）ではきれいに示されている。一頭の雄が独占する配偶雌の数が多い種ほど、雄のからだが雌に比べて大きいのだ（図8-1）。

　では、このことはヒトが属する霊長類にも当てはまるのだろうか。霊長類は複雑な社会生活を営んでいるので、からだの大きさと闘争能力だけが雄の繁殖成功の決め手ではない。そこで、これまでに多くの研究がなされてきたが、それらを総合すると、やはり「大筋は霊長類にも当てはまる」という結論だ。

　雄どうしの競争の強さと、雄どうしの仲良しの度合いを両方評価し、それらを総合してその種の競争のレベルを決める。これまでに研究されている霊長類各種の競争のレベルをこうして四段階で評価し、それと雄の相対的なからだの大きさとを比較したところ、競争のレベルが高いほど、雄のからだが大きいことがわかった。

この分析から見ると、ヒトのからだの大きさの性差は、霊長類の中では小さいほうだ。雄間競争が最も低いレベルの霊長類の平均を多少上回る程度である。

犬歯の大きさの性差

犬歯の大きさの性差も、霊長類ではよく調べられている。からだの大きさと同様、雄の犬歯の相対的大きさも雄どうしの競争のレベルとよく相関しており、競争が強いほど雄の犬歯が大きい。ヒトではどうかと言うと、男性の犬歯の大きさは女性のそれよりもわずかに大きいだけだ。この差も、霊長類全体で見た時にはかなり小さく、ほとんどないと言ってよいくらいである。

興味深いことに、およそ六〇〇万年前にヒトとチンパンジーの共通祖先が分かれた後の、およそ四〇〇万年前に存在した人類化石、アルディピテクス・ラミダスにおいて、すでに犬歯の性差が非常に小さいのである。その後に出現した人類のどの種においても、犬歯の性差はほとんどない。人類の系統は、初めから犬歯の性差がほとんどない生物であるようだ。

死亡率の性差

ヒトの男性は女性よりも死にやすい。生まれた直後から一〇〇歳以上に至るまで、どの年齢をとっても、病気などの内的要因による死亡率も、事故や殺人などの外的要因による死亡率も、男性のほうが高い。

ほとんどの哺乳類では雄のほうが死にやすい。長期的な調査がなされている有蹄類、霊長類などのどの集団にも、この事実は当てはまる。ただし、雄どうしの競争の度合いが生存率の性差の度合いとどのような関係にあるのかの詳細な研究はない。したがって、ヒトで見られる差異が、他の霊長類などと比べてどのくらいの差異であるのかを知るすべはない。

性淘汰の理論からすると、哺乳類で雄のほうが死にやすい理由は、哺乳類の雄の子育て投資が少ないからである。妊娠、出産、授乳と子育てにたくさんの投資をする雌は、自分が死んでしまっては子が育たない。そこで、免疫機能を高くして病気から身を守り、飢餓などの環境の悪化にも耐えられるよう、脂肪の蓄積を多くする。雄は、子育てに投資をしないのであれば、長生きの算段をするよりは、短期的でも配偶雌獲得に全力をそそぐほうが有利だということになる。

それでは、タヌキ、キツネ、マングース、マーモセットなど、雄も何らかの子育て投資をする種類では、雄の死亡率は低くなるはずだ。しかし、その詳細はよくわからない。寿命や死亡率に関するデータを正確に取るには、長い年月がかかるからだ。

ヒトの配偶システム

さて、これらの事実から、ヒトの進化史における典型的配偶システムはどんなものだったと考えられるだろうか。性差が存在するのは、繁殖に関して雄と雌の戦略が異なるからであり、雄と雌がどのような繁殖戦略を採るのかは、配偶システムに大きな影響を受ける。そこで、観察される性差に意味を見つけようとすれば、配偶システムについて考えねばならない。

からだの大きさはそれほど違わない、犬歯の大きさもほとんど変わらないとなると、ヒトは、肉体的闘争によって勝ち残った雄が多数の雌を独占するという種ではないと考えてよいのだろうか。しかし、ヒトは脳が大きくて様々な道具を作る。武器も作る。武器を使った闘争であれば、必ずしも肉体的な強さと闘争能力とが相関しないかもしれない。武器を使うことで、闘いに勝つことが必ずしも肉体的に大きくて強いということではなくなったかもしれない。ダーウィンも、人類進化の考察でこのことに触れている。

ヒトが進化史の過去に使っていた武器は、コンピュータで制御されたミサイルなどではなく、石器やこん棒や槍や弓矢であった。それらを使って闘争に勝つには、やはり体力がいるだろう。性ホルモンであるテストステロンが男性の筋肉を増強し、骨を大きくして強くする事実も考えると、ヒトにおいても男性間の肉体的闘争には意味があったに違いない。それでも、からだの大きさも犬歯の大きさも、霊長類全体の中では性差が小さいのであるから、極端な一夫多妻はヒトの本来の配偶システムから除外してもよいのではないだろうか。

では、ヒトの男性間の競争の強度を推定してみよう。古今東西の民族誌のデータから、ヒトにおける男性どうしの闘争の頻度を調べてみると、集団内の殺人も集団間の戦争も、驚くほど頻度が高かった。一昔前のニューヨークなどの比ではない。

その一方で男性間の互いの許容の程度を見ると、ヒトの男性はかなり仲良しである。第6章で述べたように、ヒトはみなが協力して食物を得なければ暮らしていけないニッチに進出した。男性どうし、女性どうし、そして男性と女性、誰もが共同作業しなくては生きていけない。そのような背景からは、闘争に勝った男性が多くの女性を独占するあからさまな不平等が、ホモ属の進化史の中で普通であったとは考えにくいのではないか。

最後に、古今東西の民族誌からヒトの配偶システムのパターンを見てみよう。有名なHuman Relations Area Fileというデータベースによると、世界の八四九の様々な文化の社会で、一夫一妻は一六パーセント、一夫多妻が八三パーセントである。一妻多夫はわずか四つの社会でしか記録されていない。こうして見るとヒトは一夫多妻なのかと言うと、実情は少し違う。一夫多妻が制度として認められているとはいえ、その社会で一夫多妻を実現している男性の割合はかなり少なく、ほとんどの男性の実際の生活は一夫一妻なのである。

狩猟採集民の男性の多くは、制度として許容されていても、一夫多妻を実現していない。一夫多妻が可能なのは、牧畜、農耕など富の蓄積ができる社会で、男性間に不平等が明確にある社会だ。たとえば、第5章にも登場した、ケニアに住む牧畜民のキプシギスの人々を見てみよう。キプシギスの男性は、結婚するにあたって、花嫁の家族にたくさんの贈り物をしなければならない。それは、ヤギ四頭とウシ六頭といった家畜である。男性がどれだけの家畜を持っているかは、その男性が所

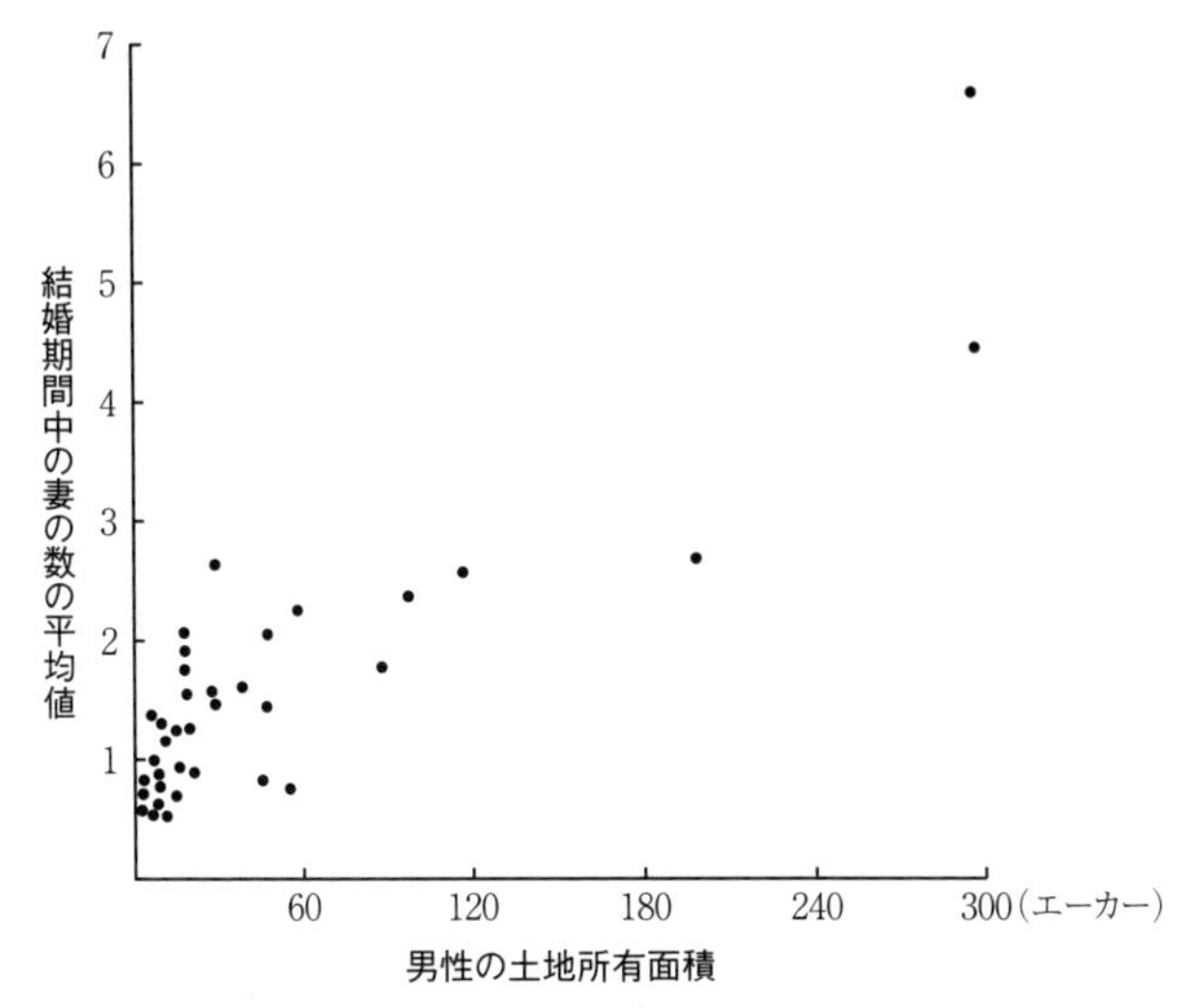

図 8-2　キプシギスの男性の土地所有面積と結婚期間中の妻の数の平均（Borgerhof-Mulder, M. (1988). Reproductive success in three Kipsigis chorts. In Clutton-Brock, T. H. (Ed.), *Reproductive success* (pp. 419-435). Chicago University Press.)

有する土地の面積と相関する。

そこで、男性が結婚可能な期間中に実際に持っていた妻の数の平均と、その男性の土地所有面積とを比べると、有意な正の相関が見られた（図８－２）。土地持ちであるほど、多くの女性を妻にしていたのである。しかし、この図８－２をよく見てほしい。ほとんどのデータポイントは、妻の数では一人前後、土地所有面積では六〇エーカー以下に集中している。そして、一二〇エーカーを超す土地所有者で、常に妻を二人以上持っていた男性は数えるほどしかいない。富の蓄積が可能で、それによって妻の数を増やすことのできるシステムであっても、本当にそれを実現する男性は、ごく少数に過ぎないのだ。

結論として、ヒトのからだの大きさの性差も犬歯の性差も小さいことは、額面通り、それほど極端な一夫多妻がヒトの典型的配偶システムではなかったということを表していると言えよう。このことは、ヒトが集団を作って互いに協力し合い、共同繁殖するということと密接に関連している。ヒトでは、男性間の競争をむき出しにして、競争に勝った男性が負けた多くの男性を繁殖から排除し、なおかつ共同で食物を得るということは成立しにくいのだろう。

一方、男性の死亡率が女性よりも高いことは、父親が生きていなくてもある程度は子育てがうまくいったことを示唆する。しかし、死亡率の性差の度合いと、父親による子育て投資の量との関連を評価する基準がないので、ヒトにおける死亡率性差から父親の子育て投資を推測するすべはない。ヒトにおいては、共同生活、共同繁殖が性淘汰のあり方も大きく変えているだろうと推測される。

ところで、ここにおもしろい研究がある。バースコントロールが行われていない自然妊娠の四五の社会において、母親、父親、祖父母、上の兄姉がいる時といない時とで、赤ん坊の生存率が上がったのか下がったのかを見た研究だ。歴史的に古い社会のデータもあれば、近現代の社会のデータも含まれている。すべての社会で母親がいなくなると赤ん坊の生存率は下がったが、他のカテゴリーの人々では、効果はまちまちだった。父親はどうかと言うと、父親がいないと生存率が下がるという社会は全体のたった三分の一で、残りの三分の二では別に何の効果も見られなかったのである。やはり、父親という役割は重要ではあるものの、代替可能性も高いということなのだろう(1)。

注

（１）Sear, R., & Mace, R. (2008). Who keeps children alive? A review of the effects of kin on child survival. *Evolution and Human Behavior, 29*, 1-18.

第9章　ヒトの脳と行動の性差1——食物獲得との関連

これまで、ヒトの性差に関して述べてきたが、今回は、脳や心、行動の性差についてである。これが一番議論の多いところであるので、その一部について検討してみよう。

配偶・子育てシステムと性差

第8章では、配偶システムや子育てシステムについて検討してきたが、それは、動物において性差を生み出す主要因が雄と雌の繁殖戦略の違いにあり、その違いは精子か卵かという配偶子の性質から出発するものの、大きくは配偶システムと子育てシステムによって決められるからである。このことは脳にも影響を及ぼす。

配偶と子育てのシステムの違いが脳にどのような違いをもたらしているかについての有名な研究は、ハタネズミの比較研究である。一夫一妻のプレーリーハタネズミ（*Microtus ochrogaster*）の雄は、特定の雌とペアボンドを築き、他の雄を追い払って、子の世話をする。一方、それと近縁で一夫多妻のサンガクハタネズミ（*Microtus montanus*）の雄は、ペアボンドを持たず、子の世話もせず、多くの雌と交尾する。この違いは、雄の脳内のアルギニン―バソプレッシン（ＡＶＰ）受容体の分布の違いとして構造化されており、特に、Ｖ１ａ受容体の変異がこれにかかわっている。

ヒトの配偶システムは文化によって多様ではあるものの、第8章での検討の結果からも、一夫一妻からゆるやかな一夫多妻であると言えよう。子育てシステムは、母親、父親、その他の血縁者、非血縁者も含めた共同繁殖である。ヒトにおいてはペアボンドと父親の子育て参加がかなりあるので、雌雄の差異は、典型的な一夫多妻の哺乳類のようではないはずだ。しかし、共同繁殖である分、配偶と繁殖がより広い社会行動になるので、プレーリーハタネズミ型かサンガクハタネズミ型かというような単純な話にはならないに違いない。

ただし、ヒトではここに重要な一ひねりがある、と私は考える。ヒトにおいては、性差を生み出す要因が、配偶と子育てのシステムだけに起因するのではないと考えられる理由があるのだ。それは、ヒトの生計活動が非常に高度な技術に依存していることに関連している。チンパンジーも含めて動物は一般に、食物を得るのにそれほど高度な「技術」を使ってはいない。肉食動物なら牙や爪を、草食動物なら繊維をよくすりつぶせる歯やゆっくり消化するための胃などを発達させている。つまり、動物は、自分たちが利用する食物の獲得に関してはそれに適したからだの形態を進化させているのであって、食物獲得のために複雑な道具を使ってはいない。雄であっても雌であっても、同じようなものを同じように得て食べている。

だから、性差が生じる原因を考える時に、採食行動のことは考えなくてもよいのだ。その点では、雌雄の置かれている状況は同じだからである。実際、ダーウィンが性淘汰の理論を考えるに至った出発点はそこにあった。同種に属する雄と雌は、生存に関して同じ環境で同じ淘汰圧にさらされているにもかかわらず、なぜこうも様々な点で異なるのか。それは、雄と雌が、同種に属していても、配偶と子育てに関する状況においてだけは異なるからだ。それ以外は同じなのに。これが、ダーウィンの推論である。それは正しかった。だからこそ、配偶システムと子育てシステムについて、あれほど注意を払う必要があるのである。

狩猟採集生活と性差

ところが、ヒトでは、この前提が異なるかもしれない、と私は考える。先にも述べたように、進化史の大部分において、ヒトは狩猟採集者であった。この生計活動を行うにあたって、ヒトは様々な道具を始めとする技術を駆使している。技術の発明と使用は、脳の活動である。つまり、ヒトは、食物獲得のために有利なからだの形態を獲得するのではなく、脳を使うことでそれに対処してきた。そこで、狩猟採集活動のあり方が男女で異なっていれば、配偶と子育てシステムとは別のところから、脳の性差が生まれる可能性が出てくると考えられるのである。

現代の狩猟採集民の研究から、男性は狩猟、女性は採集という性的分業が、どこでも普遍的に見られることが知られている。これは、男性が植物食の採集をしない、女性が狩りをしない、ということではない。男性も、食物を探している時に植物食を採集することもある。女性も、小さな動物を狩猟することもある。また、川などで魚をとることも多い。しかし、男性の食物獲得活動の大部分が動物の狩猟であり、女性の食物獲得活動の大部分が植物食の採集であることは、普遍的に見られる。

また、男性が狩猟、女性が採集という分業があるからと言って、必ずしも、男性は本来、能力的に採集ができない、女性は本来、能力的に狩猟ができない、ということでもない。中には、採集の能力に優れた男性も、狩猟の能力に優れた女性もいるはずなのだが、集団全体として見た時に、大部分の女性は狩猟にたずさわらない、大部分の男性が狩猟にたずさわる、理由があるのである。

ヒトの赤ん坊は把握力が弱いので運んでやらねばならない。ヒトの女性の出産間隔は三、四年であるが、下の子が生まれた時、上の子どもはまだ到底独り立ちしていない。そのような子どもが数人いることを考えると、女性にとって狩猟はエネルギー的に割に合わない生計活動なのだ。そうすると、この性的分業にはホモ属で一五〇〇万〜二〇〇〇万年、ホモ・サピエンスで二〇万年の進化的歴史があると推測される。

そこで、狩猟と採集の活動の違いから、男性と女性に異なる淘汰圧がかかった可能性はある。なにしろ、狩猟と採集こそが人類を長らく支えてきた生計活動なのだから、それらをうまく行うために決定的に重要な能力が異なれば、そこに性差が生まれる可能性は高いだろう。

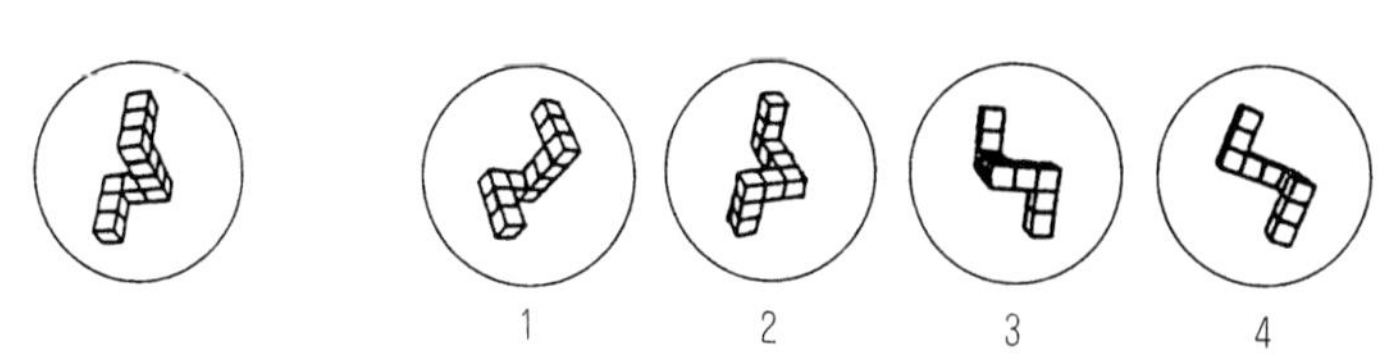

図9-1　心的回転テスト（Vandenberg, S. G. & Kuse, A. R. (1978). Mental rotations, a group test of three-dimensional spatial visualization. *Perceptual & Motor Skills*, *47*, 599-601.）
実験参加者は、左の形を回転させてできるものを右から二つ選ぶ（答は１と３）。

三次元空間認知の性差

認知的性差で最もよく立証されているのは、三次元空間把握能力である。これは、いくつかの小さな立体ブロックが三次元的につながった図形を用いて、異なる角度から見た図形のどれが同じであるかを見つけ出すテスト（心的回転テスト）で測定されている（図９－１）。このテストでは男性の得点が女性よりも高く、解答のスピードも速いことが通文化的に示されている。さらに、この問題を解く方策も、男女で異なっているようだ。男性は、直感的に全体の図形把握で解く傾向が強いが、女性は、一つひとつのブロックをなぞって、その伸びる方向を右、左と確認し、ブロックの数を数えることで解く傾向が強い。

また、この差異は、ごく小さな子どものうちから見られるようだ。これが生物学的性差ではなく、文化によって作られたものだという批判は多くなされてきたにもかかわらず、この能力に生物学的性差があることはほぼ確実と言ってよいだろう。

では、この性差はどこから来て、どんな意味があるのだろうか。これは男性の狩猟活動に対する淘汰の結果ではないかという仮説は、以前から提出されていた。狩猟と採集の最も大きな違いは、対象が動くか動かないかである。狩猟では、どこに行くのかわからない動く獲物を追跡し、仕留め、それをホームベースに持ち帰らねばならない。そのためには、三次元空間把握は決定的に重要だろう。それを男性が主に行ってきたのであれば、男性の三次元空間把握能力が高いことには説明がつく。議論は多いが、それを否定する明確な代替仮説はない。

物体配置の記憶の性差

一方、採集では、対象は植物なので動かないが、広い範囲にわたって分布している植物の種類と季節的な変化を理解せねばならない。それならば、採集活動に伴う特異な能力が女性で優れている可能性はないだろうか。もしも、狩猟と採集が男女分業で行われてきた進化史が非常に長いのであれば、男性の狩猟に対する適応のみならず、女性の採集に対する適応もあるはずだ。そこで、空間中に分布する物体の種類と配置の記憶は女性のほうが優れている、という仮説が出され、それを測定する研究がいくつも行われた。

日常的になじみのあるいくつもの物体がランダムに散りばめられた画面を実験参加者に見せ、次に、それらの物体のうちのいくつかの配置が換えられた画面を見せる。課題は、その中のどの物体の位置が以前のものと変わっているかを答えることだ（図9-2）。また、同じように様々な物体が配置された画面を見せ、次に、また別の物体が散りばめられた画面を見せる。そして、先の画面にはなかったが、今回の画面に新たに登場した物体はどれかを答える課題もある。これらの課題では、確かに男性よりも女性のほうが成績がよかったのだ。さらに、もっと具体的に、マーケットでのいろいろな食料品の売り場の場所を再現する実験でも、女性のほうが成績がよいことが示された。三次元認知能力の性差については、ずっと以前から明らかにされてきた。そして、それが狩猟と

図 9-2　物体位置記憶課題（Silverman, I. & Eals, M. (1992). Sex differences in spatial abilities: evolutionary theory and data. In J. H. Barkow, L. Cosmides & J. Tooby (Eds.), *The adapted mind*. Oxford. pp. 533–549.）
実験参加者は、a を提示された後に、b の中からどの物体の位置が変わったかを答える。

関係があるかもしれないという仮説も、ずっと以前から提出されてきた。しかし、そのことは、性淘汰と性差の出現の一般理論の中で、整合性を持って位置づけられてはいなかったと思う。性淘汰の理論は、配偶システムと子育てシステムに関するものであり、食物獲得とは無関係だからである。しかし、ヒトでは、食物獲得が高度な技術を駆使した活動であり、それが脳の活動であることを考えれば、生計活動はヒトにおける性差の重要な源泉であることが理解できる。

それでも、本当にこのような性差が生物学的な基盤を持つものなのか、生まれたのちの社会的な発達の過程で作られるものなのか、決定的にはわからない。北極圏に住むイヌイットの人々では、女性も男性と同じように三次元認知能力が高いという研究結果もある。三六〇度一面に雪原が続くような場所で暮らしている人たちは、男だろうが女だろうが、同じように三次元認知をしていかねば暮らしていけないのだろう。これが、イヌイットの人々が北方に進出した以降に自然淘汰によって起こったことなのか、学習による可塑的な変化なのかは、今のところわからない。

次章では、その他の脳と行動の性差について検討していこう。

第10章　ヒトの脳と行動の性差2——文化との関連

性差について、思いのほか多くの紙面を割いてしまった。それでも検討するべきことはまだ他にもたくさんあるのだが、本章では攻撃性の性差を取り上げ、それを例にして、生物学的なものと文化との関係を考えてみたい。

攻撃性とリスク行動の性差

男性のほうが女性よりも攻撃的か、それとも攻撃性は男女で同じだが攻撃の表現方法が異なるのか、という疑問をしばしば耳にする。しかし、ヒトには「攻撃性」という「本能」が備わっていて、男女でその強さに違いがあるというわけではない。

もちろん、脳の扁桃体をめぐる回路を中心に、アドレナリンやテストステロンなどのホルモンを介して、怒りと攻撃を制御している脳のシステムは存在する。しかし、同種の他個体に対する攻撃は、何らかの競争的状況があってこそ出現する行動である。どのような競争状況がありうるのかを考えなければ、攻撃性の問題は理解できない。

また、競争的状況に直面した時にどう反応するかには、いくつかのオプションがある。相手に対する直接的攻撃で応じるというのはその一つに過ぎず、逃げる、他者の応援を求めるなど、いろいろな異なる行動がありうる。相手に対する攻撃で応じるというのは、その中でかなりのリスクを伴う選択である。競争的状況下でこのオプションを採るというのは、あえてリスクを冒そうとする傾向が強いことを示している。どのオプションを採るかには、いろいろな行動オプションがもたらすコストと利益が関係している。

それでは、ヒトの男女はどんな攻撃行動、またはリスク行動を示しているだろうか。これは、ヒトの行動の中で最も顕著に性差が表れているものの一つである。社会的葛藤状況で殺人や傷害致死を起こす率は男性のほうが女性よりも数倍高く、これが逆転している社会はない。男性による殺人は、他の男性との競争状況で相手を殺したものが最も多く、これも世界共通である。スピード違反や危険運転での交通事故死、その他の危険な行動による事故死の発生率も男性のほうが女性よりも数倍高く、これも世界共通である。

男児は女児よりもレスリングや追いかけっこなどの疑似闘争ゲームをより多く行い、それを好む。この傾向は、ヒト以外の霊長類でも同様である。この傾向が逆転しているヒトの社会はなく、そのような霊長類の種もない。その実証的データは山ほどある。

これまでに考察したヒトの配偶システムから推論すれば、哺乳類に一般的な傾向として、大ざっ

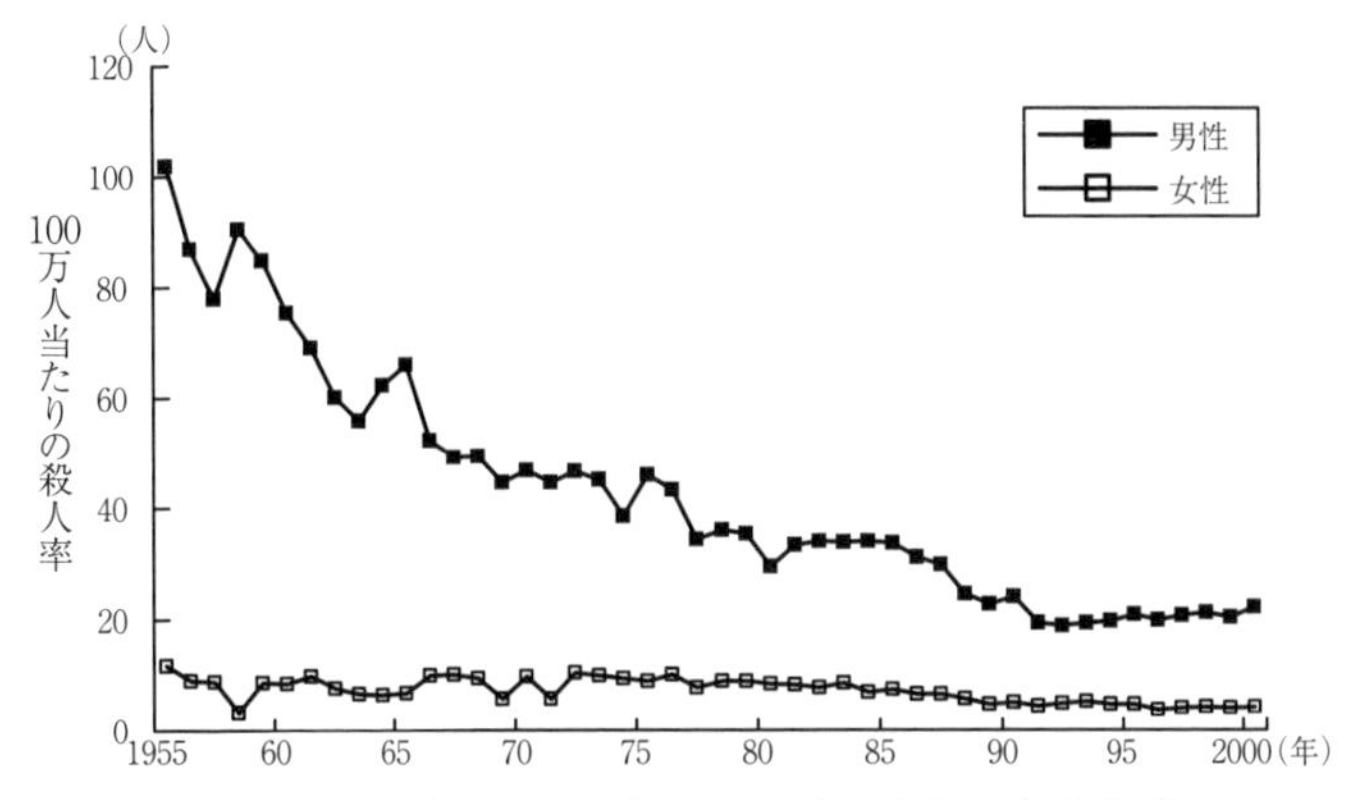

図10-1　日本の20歳以上の男女100万人当たりの殺人率（Hiraiwa-Hasegawa, M. (2005). Homicide by men in Japan, and its relationship to age, resources and risk taking. *Evolution & Human Behavior, 26(4)*, 332-343.）

ぱに言って配偶をめぐる競争の度合いは、男性間のほうが女性間よりも強いので、この観察結果は理論的推論と合致する。雌が妊娠、出産、授乳によって子育てに必ず投資する量が非常に大きい一方、雄の子育て投資はなくてもかまわないのであれば、雄どうしの競争のほうが雌どうしの競争よりもずっと高いはずだからだ。

しかし、どれほどの性差があるかは、文化的、社会的状況によって大きく変化しうる。図10-1は、日本の一九五五年から二〇〇〇年にかけての、二〇歳以上の人口一〇〇万人当たり殺人率の変化を示している。同じ文化を持つ一つの社会においても時代による社会状況が変われば、殺人率の男女比は、男性が女性の一〇倍（一九五五年）から四倍（一九九九年）まで変化するのだ。これには、客観的に競争的状況が生じる率そのものが変化したことが大きく寄与している[1]。さらに、人々がある状況を競争的と感じるかどうか、その競争的状況でリスクの高いオプションを採ろうとするかどうかという内的要因にもよるが、その詳細な分析はまだ行われていない。

その点について、文化的な違いを見た興味深い研究がある。社会心理学者のリチャード・ニスベット[2]らは、アメリカの南部と北部の男性文化の違いを比較した。詳しいことは原典を参照してほしいが、男性どうしの葛藤状況において、南部の男性のほうが北部の男性よりもずっと強く葛藤を感じ、それに対して攻撃的に反応しようとするのである。

では、女性どうしの競争と攻撃はどのようになっているのだろうか。殺人で見れば、成人の女性が他の成人女性を競争的状況で殺すということはほとんどない。哺乳類の雌は、自分自身が生存しなければ子どもが育たないので、リスクの大きな行動オプションを選択する確率は低いと予測される。その点で、女性の殺人率が低いこと、リスク行動一般の発現が低いことは理解できる。しかし、ペアボンドがあり、共同繁殖であるヒトという動物において、女性どうしはどのような競争状況にあるのだろうか。

二〇一一年、フランスで行われた国際人間行動進化学会で、アメリカ人を対象に、ヒトがどのような時にどれほどの怒りを感じるか、それをどのように表現するかについての研究発表があった。それによると、女性は男性よりもむしろ怒りを感じる状況が多いのだが、肉体的な闘争のオプションを採ることは非常に少ないということだった。このようなことは、これまであまり研究されていない。

「古い」脳の性差と「新しい」脳

生存と繁殖にかかわる多くの要因が雄と雌とで異なれば，性差はそれぞれの性の異なる戦略として進化する。それは，脳神経系の基本構造の中にも組み込まれる。そのほとんどは，情動や動機づけを司る大脳辺縁系という「古い」脳の部分の違いとして表れ，哺乳類一般で共通である。実際，扁桃体や海馬などの大脳辺縁系，視床下部，線条体には数多くの性差があり，攻撃を含む情動や動機づけにおける性差を生み出している。

しかし，ヒトの脳には新しく進化した大きな新皮質があり，そこが多くの情報処理をしている。文化や学習がかかわるのは，この新皮質である。それでは，性差があるのは性行動などに関連した「原始的な」行動だけであり，意識的，知的，文化的と呼ばれる行動には性差がないと考えられるかというと，そんなことはない。

大脳辺縁系その他の部位は，「新しい」脳である新皮質と密接に関連し，前頭前野が意思決定する時に大きな影響を与えている。論理的に考えるプロセスではなく，何をしたいか，どのオプションが心地よいと思うかという意思決定には，情動や動機づけが決定的に重要なのであるから，その部分における性差は，多くの高次行動に微妙な性差をもたらすに違いない。

たとえば，言語能力には性差があり，女性が優位なことはよく知られている。しかし，これまでの認知テストで測定されているような部分ではなく，日常生活の中で経験したことをどのような形で誰と話したいか、話すことでどのような満足を得るか、言語をどのように使いたいと感じるか、といった点にこそ、大きな性差が現れるはずだ。これまでの測定は、そのあたりを明確にしていない。

そして、もちろん逆に、文化や学習が「古い」脳の情動や動機づけを変容させることもできる。男性の殺人率が時代や場所によって大きく変動することは、その表れである。しかし、文化が本来の生物学的傾向を消し去ったり、生物学的性差を全く逆転させたりすることはないと、私は考える。それは、文化もヒトの脳が生み出すものであり、情動や動機づけによって選択されていくからだ。

生物学的性差と文化

文化とは、進化生物学では、遺伝子の伝達以外の手段によって情報が世代を超えて受け継がれる現象をさす。このように定義すると、文化はヒトに限らず、チンパンジーなど、他の動物の一部にも見られる。しかし、これほど複雑で蓄積的、発展的な文化を持つのはヒトだけであり、そこにはヒトに固有の認知能力が関与している。このことについてはまた改めて論じることにして、生物学的性差と文化との関係について考えてみよう。

文化はヒトの脳が生み出すものであり、ヒトの生活のあらゆる面は文化によって規定されている。ヒトにとって最も直接的で重要な環境は文化環境である。すべての生物は多かれ少なかれその環境に適応するように進化するが、ヒトにとってのその「環境」は、自然環境というよりは文化環境である。

個人は、自分が属する社会の文化に多かれ少なかれ適応せねば生きていくことができない。ヒトという動物が他者を模倣し（サルはしない）、他者の行動に同調する傾向が非常に強く、他者が指示に従っているか、そうではないかの判定に非常に敏感であることは実証されているが、これらは文化環境への適応の道具立てであろう。

したがって、ある文化に、女性よりも男性にリスク行動を促したり、それを許容したりする傾向があれば、子どもはそのように適応していく。しかし、そもそもなぜそのような文化が生まれるのかの背景には、哺乳類、霊長類の進化史の遺産としての脳の性差があるのだ。箸で食べるかナイフとフォークを使うか、和服を着るか洋服を着るかなどの文化は、脳の機構に根ざしておらず、短時間で急激に変容する。しかし、攻撃とリスク行動を含めて、男女の性差のいくつかの側面はなかなか変化しない。それらは、より深く、脳の性差に基づいているからだ。

女性の権利が拡張され、女性の社会進出が進んだのは、そもそもそれを抑えつけていたのが、男性に都合のよいように女性をコントロールする、男性が作り上げた文化だったからだ。しかし、私たちは文化によって、男性が殴り合うよりも女性が殴り合うほうが心地よいと思うようになるだろうか。私は、その可能性は低いように思う。

注

（1）長谷川眞理子（二〇〇四）．戦後日本社会における犯罪　橘木俊詔（編）リスク社会を生きる（一八九―二二八頁）岩波書店

（2）Nisbett, R. E., & Cohen, D. (1996). *Culture of honor: The psychology of violence in the South.* Westview Press.（石井敬子・結城雅樹（編訳）（二〇〇九）．名誉と暴力――アメリカ南部の文化と心理　北大路書房）

第11章　三項表象の理解と共同幻想

本書では、これまで、ヒトの食物や生活史戦略、繁殖戦略そして性差について検討してきた。これらを総合すると、ヒトという動物にとって共同作業がいかに重要であるかが改めてよくわかる。ヒトは、食べていくという生き物にとって最重要な仕事の点で、絶対に一人では生きられない生物だということは、ヒトの進化を理解する上で決定的に重要な鍵であるに違いない。

これまで、動物の行動の進化を研究する行動生態学では、利他行動の進化について様々なモデルを考えてきた。しかし、これらすべてのモデルが暗黙に仮定していたのは、個体は基本的に一人で食べていけるということだ。ヒトはそうではないのだとしたら、ヒトの様々な行動の進化を考察する時に、動物のモデルをそのまま当てはめるわけにはいかないだろう。

今回は、ヒトが共同作業を行う上での基盤となる能力である、三項表象の理解について取り上げたい。この能力は、言語や文化といったヒトに固有の性質の基本に横たわっていると、私は考えている。

子どもの指さしと三項表象の理解

まだ言葉も十分には話せない小さな子どもが、何かを見て興味を持ったとしよう。その子はどうするだろう？　そちらを指さしたり、手を伸ばしたりしながら、あーあー、などと発声し、一緒にいるおとなの顔を見るに違いない。おとながそちらを見てくれなければ、かなりしつこく、おとなの注意をそちらに向けさせようとするだろう。これは、実によくある光景だ。

その声や動作に気づいたおとなは、子どもがさしている方向を見て、何が子どもの興味を引いたのかを理解すると、子どもと顔を見合わせ、「そうだね、○○だね」と話しかける。その言葉を子どもが理解できなくてもかまわない。それでも、動作や表情、視線によって、子どもは、おとなが同じものを見て興味を共有してくれていることを確認する。そして、それは、子どもにとってもおとなにとっても楽しいことなのだ。

今こうやって描写したのが、三項表象の理解である。つまり、「私」と「あなた」と「外界」という三つがあり、「私」が「外界」を見ていて、「あなた」も同じその「外界」を見ている。そして、互いに目を見交わし、互いの視線が「外界」に向いていることを見ることで、両者が同じその「外界」を見ていることを、了解し合う。「外界」に関する心的表象を共有していることを理解し合う、ということだ。

このように描写すると非常にややこしいが、先に述べたように子どもでもやっていることだ。「外界」をイヌとすると、子どもがイヌを見て指さし、「ワンワン」と言う。そして母親を見る。母親も

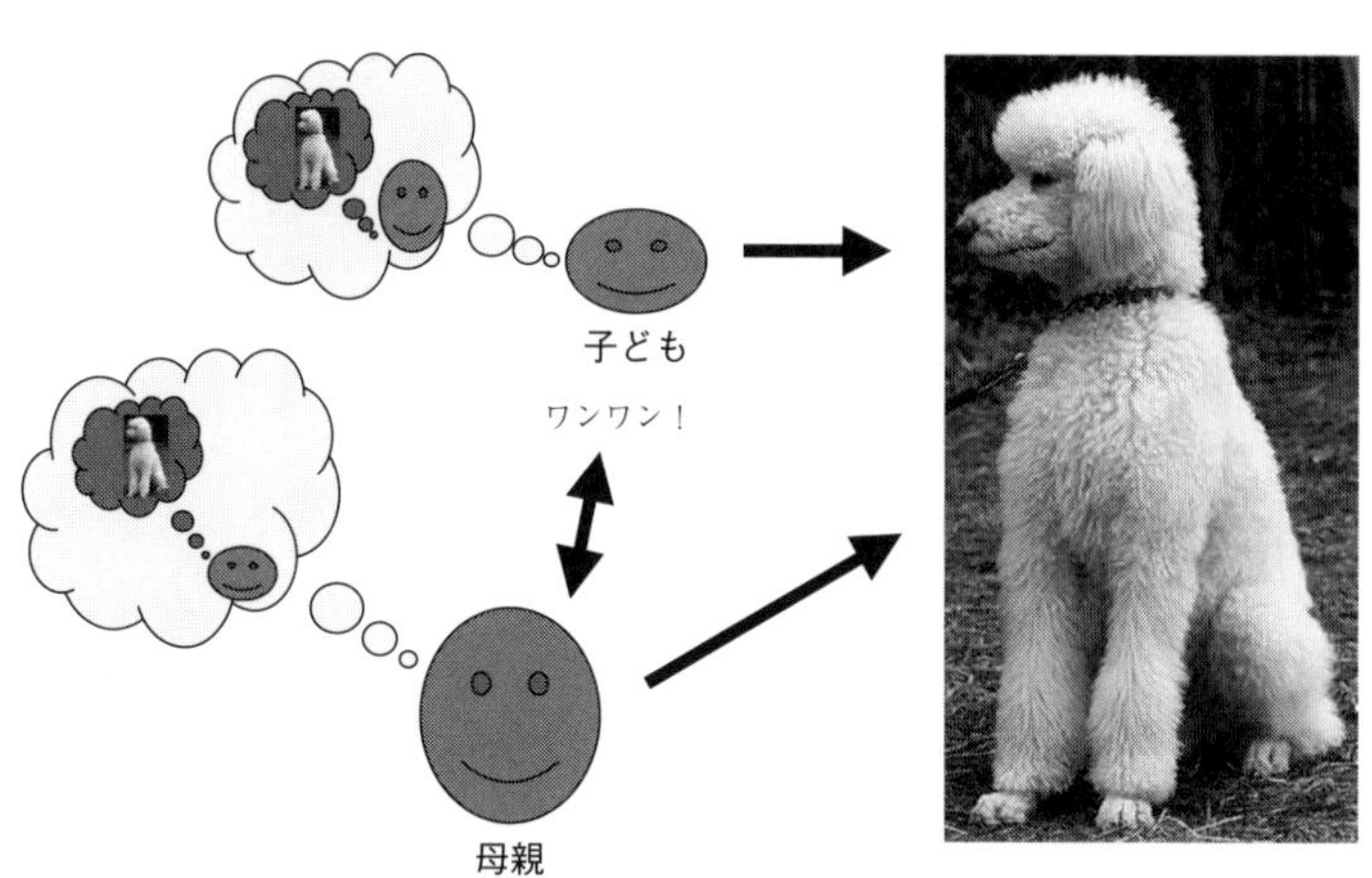

図11-1　三項表象の理解

そちらを見て、また子どもと顔を見合わせ、「そうね、ワンワンね、かわいいわね」と言う（図11-1）。あまりにも普通のことに思われるが、これが、どれだけ深遠な意味を含んでいることか。

　ヒトの心の中で行われているこのプロセスを描写すると、「私は、あなたがイヌを見ているということを知っている」、「あなたは、私がイヌを見ているということを知っている」、そして、「お互いにそのことを知っている」となる。しかし、これを一文で表そうとすれば、「私は、あなたがイヌを見ているということを知っている、ということをあなたは知っている、ということを私は知っている」となる。この文章を理解するよりも、実際に子どもと目を見合わせながらイヌを見るほうが、ずっと簡単だ。しかし、この簡単なことは三項表象の理解であり、実は非常に高度な認知能力の結果なのである。

三項表象の理解と言語

言語とは、対象をさし示す記号であり、それらの記号を文法規則で組み合わせて、さらなる意味を生み出すことのできるシステムである。そして、対象をさし示すために使われる記号は、その対象物の性質とは無関係な表象である。たとえば、イヌを「イヌ」と呼ぼうと、「dog」と呼ぼうと、何でもよい。それらは、イヌという動物の性質とは関係なく、任意に選ばれている。

そして、様々な記号を結びつけて、さらなる意味を生み出すための文法規則がある。だから、「ヒトがイヌを噛む」と「イヌがヒトを噛む」とでは意味が全く異なるのだ。このような任意の記号と文法規則を備えたコミュニケーションシステムを持つ動物は、ヒト以外にはいない。

そこで、ヒトの言語の進化をめぐって、様々な議論が行われてきた。ヒトと最も近縁な動物であるチンパンジーがどこまで言語を習得できるのかを探るために、チンパンジーに対する言語訓練の実験も何十年にわたって行われてきた。その結果、チンパンジーはたくさんの任意な記号を覚えるが、文法規則は習得しないことがわかった。その他にもいろいろなことがわかった。しかし、最も重要な発見は、言葉を教えられたチンパンジーが別に話したいとは思わない、ということではないだろうか。

数百の単語を覚えたチンパンジーたちが自発的に話す言葉の九割以上は、ものの要求なのである。「オレンジちょうだい」「くすぐって」「戸を開けて」など、教えられたシグナルを使って他者を動かし、自分の欲求を満たそうということである。「空が青いですね」「寒い」など、世界を描写する

「発言」はほとんど皆無だ。ひるがえって、言葉を覚え始めたばかりの子どもの発話の九割以上がものの要求ということはない。もちろん要求もするが、「ワンワン」「お花、ピンク」「あ、〇〇ちゃんだ」「落ちちゃった」など、世界を描写する。単に世界を描写して何をしたいのか。先ほど述べたように、他者も同じことを見ているという確認、思いを共有しているということの確認である。つまり、三項表象の理解を表現しているのだ。

チンパンジーの認知能力は非常に高度である。彼らは、かなり高度な問題をも解くことができる。しかし、どうやら彼らに三項表象の理解はない、というか乏しい。一頭一頭のチンパンジーは世界に対してかなりの程度の理解を持っているのだが、その理解を互いに共有しようとしないのである。高機能のコンピュータがたくさんあるが、それらどうしがつながっていない、というような状況だろうか。だから、世界を描写してうなずき合おうとはしないのである。チンパンジーが時代を超えて蓄積されていく文化を持っていないのは、このためだろう。

三項表象の理解があり、互いに思いを共有する素地があれば、そこから言語が進化するのは簡単であるように思う。言語獲得以前の子どもたちがやっているように、思いの共有さえあれば、あとはその対象に名前をつけていくのは簡単なはずだ。

三項表象の理解と共同作業

また、三項表象の理解があれば、目的を共有することができる。私が外界に働きかけて何かしようとしている。その「何か」をあなたが推測し、同じ思いを共有することができれば、「せいのっ！」と共同作業をすることができる。言語コミュニケーションはその共同作業をずっとスムーズに促進させてくれるが、言語がなくても共同作業はできる。言葉の通じない外国でも、表情や身振り手振りで人々は意思疎通することができる。それは、とりもなおさず、先ほどの「私は、あなたが何を考えているかを知っている、ということをあなたも知っている、ということを私は知っている」からだ。

チンパンジーは、みんなでサルを狩るなど、共同作業に見えることをする。しかし、本当に意思疎通ができた上での共同作業ではないらしい。他者が何をしているかを推測することのできる高度なコンピュータが、その知識をもとに互いに勝手に動いているというほうが、彼らの行動をよりよく描写していると私は思う。

三項表象の理解と共同幻想

私たちは、外界についてそれぞれが自分自身の表象を持っている。いわば個人的表象だ。それを表現するのが言語である。言語で表されたものは公的表象となる。その公的表象を受け取った他者は、それについて独自の個人的表象を持つ。誰も他者の心を見ることはできないので、個人的表象はあくまでもその個人しか理解できないものである。「リンゴ」という言葉で表される公的表象は、秋冬の赤い果物、少しすっぱい、青森や長野が有名、アップルパイのもと、などである。しかし、

「リンゴ」という言葉で何を思うかは、人それぞれに異なる。

「自由」「勇気」「繁栄」「正義」など、もっと抽象的な概念になると、公的表象とそれぞれの個人的表象の間には、「リンゴ」のような具体的なものの表象よりもずっと多くの、微妙な違いが生じるに違いない。それでも人々は、言語で表される公的表象でコミュニケーションを取り、共同作業を行わねばならない。その公的表象が各個人の持つ表象の最大公約数としてうまく機能している限り、共同作業はうまくいくだろう。実際、かなりうまくいっているからこそ、この社会は動いている。

しかし、本質的に、それは共同幻想なのだろう。何か探しているような素振りを見せる人に対し、「何かお探しですか?」と聞くのは、本質的にはおせっかいなのだろう。人の心なんて本当は計り知れないものなのだから。それでも大方は当たっている。相手も、そう察してくれることを期待している。それが外れた時に誤解が生じ、「あなたは何もわかってくれない」という恨みが生じる。この何やかやにもかかわらず、共同幻想こそがヒトを共同作業に邁進させ、ここまでの文明を築いてきたのだろう。そして、互いの思いを一致させることは、相変わらずたいへん難しい作業であり、それができた時、できない時に伴う様々な感情を私たちは備えているのである。

第12章　群淘汰の誤りとヒトにおける群淘汰

　さて、これまで本書では、ヒトとはどのような動物かについて、生態学、行動学に基づいて検討し、その進化を考察してきた。私の疑問の発端は、チンパンジーとヒトは本質的にどこが異なるのか、ということである。チンパンジーとヒトが共通祖先から分かれて六〇〇～七〇〇万年。現在、ヒトは世界中に拡散し、環境を改変し、科学技術を発展させたが、チンパンジーは相変わらずアフリカの森林で暮らしている。この違いをもたらした進化的原因は何かを突きとめたいのである。

　その表面的な答えは、ヒトは文化を持って知識を蓄積し発展させるが、チンパンジーは違うということだろう。そして、ヒトが文化を伝達する重要な手段は言語である。ヒトは生得的に言語能力を持っているが、チンパンジーはそうではない。ではなぜ、ヒトは言語と文化を持っているのだろう？　一つや二つの「言語の遺伝子」や「文化の遺伝子」があるわけではない。言語や文化はヒトの表現型であるが、このような最終産物が現れるのを可能にしている、脳の機能は何なのだろう？その脳の機能にも多くのものがかかわっているだろうが、中でも非常に重要な能力が、第11章で紹介した三項表象の理解であると私は思う。

文化を持つことがヒトの特徴だ、文化があることがヒトと他の動物との決定的違いだということは、昔から言われてきた。では、ヒトが文化を持つためにはどんな脳の働きが必要かと言えば、「世界について」の概念を他者と共有することであると私は考える。そして、それは、言語を可能にしている脳の働きでもある。抽象的な概念が形成できることも、因果関係の推論ができることも重要だが、何よりもそれらの概念がヒトの頭の中に存在するということを互いに了解、共有でき、それらについて互いに話し合えることが、本質的な部分なのだ。

それでは、そのような「自己」と「他者」と「世界」に関する三項表象の理解を持つようになったヒトでは、群淘汰は起こるだろうか。

群淘汰の誤り

何を問題にしようとしているのか、まずは、群淘汰の考えとその誤りについて述べよう。群淘汰とは、ある形質の進化が、その形質を持つ個体にとって適応的だからではなく、集団全体にとって適応的だから進化するというプロセスである。平たく言えば、「種にとって有利だから」「群れ全体にとってよいから」と表現される時の進化プロセスである。

たとえば、北アメリカに生息するプレーリードッグという小型哺乳類を考えてみよう。彼らは地面の中に坑道を掘って住んでいるが、採食する時には地表に出てくる。その時、キツネなどの捕食者がやってきたことに気づいた個体は警戒音を発する。すると、それを聞いた他個体はみな一斉に地面の中に逃げ、捕食を免れることができる。「警戒音を発する」という行動はなぜ進化したのだろう？　この時、「それは集団全体にとって有利だから」と考えるのが群淘汰の考えである。警戒音を発した個体自身は、もしかしたら本当にキツネに食べられてしまうかもしれない。しかし、その警戒音のおかげで群れの他個体がみな助かれば集団全体にとって有利なので、その行動は進化すると考えるのである。

かつて、動物行動学の祖の一人であるコンラート・ローレンツの書いた書物などはみな、この群淘汰の考えに基づいていた。サル類で子殺しが見られるのは、増えすぎた個体数を調節し、群れ全体が食べていけるようにするためだ、オオカミどうしが致死的な闘争をしないのは、そのほうが集団全体にとってよいからだ、というような説明である。

一九六〇年代半ば頃から、これは間違いであるという考察がなされるようになり、それを一般向けに書いた書物の一つが、リチャード・ドーキンスによる『利己的な遺伝子』であった。個体の適応度があからさまに下がるような行動は進化しにくい。これは、自然淘汰の働きの基本である。群淘汰が起こるためには、異なる集団間で集団の適応度に差異があり、それが集団の絶滅率の違いとならねばならないが、これは長い時間ののちに現れる効果である。それよりも、どの個体が生き残って子どもを残すか、個体の適応度の違いの効果のほうがずっと早く現れるので、個体にとって有利な形質が進化するのであり、群淘汰は働きにくい。

ウィリアム・D・ハミルトンの血縁淘汰の理論や、利他行動の進化の議論は、群淘汰的シナリオの誤りに陥らずに、動物が見せる一見利他的な行動をどのように説明するかということであった。

ヒトの内集団びいきと集団間闘争

ヒトは、これまでに何度も述べてきたように、一人では生きていくことのできない生物である。ヒトは集団に所属し、互いに協力することによって初めて食物を得られ、子どもを育てることもできる。

また、ヒトには、自分自身が所属する集団とそうでない集団の区別がある。社会心理学では、内集団と外集団の区別と呼ばれている。そして、内集団のメンバーに対しては外集団のメンバーに対するよりも寛容、親切にふるまうという、内集団びいきの傾向があることがよく知られている。今でこそ社会のグローバル化が非常な勢いで起こっているが、これはごく最近の現象だ。人類進化史の大半においては、個人が自分の所属する集団から離れて遠くまで旅することは困難、かつ危険であったし、たとえ同じ言語を話す人々の間でも、方言や習慣の違いは、互いの理解を阻む大きな要素であった。

ヒトの集団間には強い競争関係があることも事実である。近代の戦争は国家間の利益の衝突であるが、国家の存在以前の人類進化史においても、集団間の戦争は頻繁に起こっていた。過去の狩猟採集民の社会、焼き畑農耕や牧畜民の社会など、近代の法治国家の文化ではない小規模伝統社会で、どれほどの頻度で集団間の戦争や略奪、強奪が行われていたかを調べた研究がいくつかある。[1][2] それらによると、どれも、研究対象とした社会の九〇パーセントで集団間闘争が起こっていた。

では、どれほどの頻度で戦闘状態が起こっていたかというと、ある研究では、研究対象の社会の六〇パーセントが一年に一度、七〇～九〇パーセントは少なくとも五年に一度は戦闘状態にあった。もっと頻度の高い集団もある。そのような戦闘でどれほどの人々が死んだか計算すると、それは一〇万人当たりにして数十人から数百人である。治安の悪い時のニューヨークでも一〇万人当たりの殺人率は一〇人前後であったのだから、これは相当なものだ。

ヒトは、内集団の中で他者に受け容れられ、協力行動の相手として選んでもらえねば生きていけない。集団間にはしばしば、かなりの犠牲を伴う闘争があった。ヒトは、簡単に自分の所属する集団を変えることはできない。ヒトには、内集団と外集団を区別する心理が深く刻まれている。それでは、ヒトで群淘汰は働くのだろうか。集団の利益のための行動や心理が、群淘汰によって形作られたということはあるのだろうか。

ヒトにおける群淘汰

これまでの行動生態学での、協力行動の進化の分析では、警戒音を発する、親もとにとどまって弟妹の世話をするなど、表現型としてのあるタイプの行動には、どのような適応度上の損失や利益があるのかを問題にしてきた。そして、そのような行動がなぜ進化するかを考えていた。

しかし、ヒトに限らず、一般に霊長類のような複雑な社会を持つ動物では、個々のタイプの行動にそれぞれ自然淘汰で形成されてきた遺伝的基盤があるわけではないだろう。ある個人が、全く見ず知らずの人が溺れそうになっているのを助けて自分の命を失うことがある。そのような例をもってヒトには利他行動の遺伝的基盤があるとは言えないし、特攻隊に志願した人々がいるからヒトには群淘汰が働くとも言えない。また、ある国では、目の前の川で溺れそうになって叫んでいる子どもを見ながら、おとなたちが「助けたらいくらもらえるか」という交渉をしているうちに、子どもが死んでしまったというニュースもあった。

群淘汰が働くかどうかを考える場合の、人類史において重要だった「集団」とは何だろう？ ヒトという種全体でもなければ、民族という曖昧な概念でもないに違いない。国家は新奇な発明に過ぎない。ヒトが「内集団」として感じるのはどんな集団なのだろう？ 確固とした進化の単位として、恒常的に機能することが可能な「集団」などないのではないか。

そして、たとえ内集団びいきがあって内集団の結束が固くても、その中の個人の利益と集団全体の利益とは合致しないことも起こる。そのような時、常に集団の利益が優先されてきたのだろうか。さらに、ある一つの集団の内部でも、ヒトは利害を同じくする小グループを形成して、その中で協力することができる。そのような小グループは、メンバーが常に同じとは限らない。一方で、いつも味方になってくれる友人というのもいる。

ヒトの進化史において群淘汰が役割を果たしてきたかどうか、答えるのは困難である。ヒトは、時には集団全体の利益を優先させることもあり、時には自己の利益を擁護することもあり、目的のために様々な他者を味方につけたり、うわさを収集したり流したり、強いコミットメントを持つ友人を作ったり、ウソを見抜いたりする。こう考えていくと、ヒトの行動にとって自然淘汰上最も重要だったのは、他者の心の理解と社会状況の理解、それだけではないだろうか。自己を知り、他者を知り、世界を知り、様々な因果関係を理解するヒトは、時には群淘汰が働くような状況も作り出すだろうが、一貫して淘汰圧としてかかってきたのは、社会性の能力に対する通常の自然淘汰であったのかもしれない。群淘汰が働いているかのように見える状況は、個体の適応による自然淘汰によって進化した性質をもとに、ある文化状況が引き起こす、創発的な現象ではないかと私は思うのであるが……。

注

（1）Keeley, L.（1996）. *War before civilization*. Oxford University Press.
（2）Gat, A.（2006）. *War in human civilization*. Oxford University Press.

第13章　ヒトはなぜ罪を犯すのか──進化生物学から見た競争下での行動戦略

刑事司法と生物学はなかなか結びつかない。しかし、「犯罪」というものもヒトの行動であり、ヒトの行動はヒトの脳の産物なのであるから、ヒトが罪を犯す理由を考えるにあたって、ヒトの行動の生物学は基礎的な情報を与えてくれるはずである。

犯罪に限らず、ヒトの様々な心理、行動などについて、なぜそのような心理や行動が出現するのかを、脳科学、認知行動科学、行動生態学などを統合して探究する分野は、一九七〇年代半ばにエドワード・O・ウィルソンによって提案された「社会生物学」という学問に端を発する[1]。これは、動物の社会行動がどのように機能しており、どのように進化してきたかを、当時の最新の進化理論を用いて分析しようとした学問である。

ところが、そこにはヒトの行動も含まれていたため、「これは悪しき遺伝決定論の復活だ」「社会の現状を理学的に説明することにより、社会の不平等その他の社会悪を正当化しようとする保守主義者の理論武装だ」など、多くの論争が起こった。それは社会生物学論争と呼ばれている[2][3]。

社会生物学論争は、生物学の論争というよりは、生物学の政治的利用に関する論争であった。これはかなり長く続いたが、その脇で、遺伝決定論でもなく、保守主義の理論武装でもなく、ヒトの心理と行動を進化生物学的手法を用いて分析する方法は発展していった。それが現在の進化心理学、人間行動生態学である。[4][5]

今振り返ってみれば、ウィルソンが社会生物学を提唱した時代の議論は、社会行動の進化を純粋に遺伝子のレベルで説明しようとする論調に偏っていた。しかし、様々な社会行動のそれぞれを、ある特定の遺伝子が指定しているということはありえない。その後の脳科学と進化生物学の発展により、ヒトが示すいろいろな行動は、ヒトの脳が持っている特性と、自己の適応度（生存と繁殖の確率）を上げようとする個体どうしが関係を持つ場がどんなものであるか、つまり社会状況との相互作用から生まれるものと考えられている。犯罪をめぐって、そのような観点から論じてみたい。

「犯罪」とは

「犯罪」とは、ヒトの社会が法律で決めた行動規範に従わない行為であり、法律がなければ犯罪もない。しかし、明文化された法律や法制度を持たない狩猟採集民など、小規模伝統社会に住む人々の間にも、悪い行いという概念はある。どんな社会も善悪の判断基準を持っており、単に眉をひそめる程度に評価される行動から、報復が正当化されるものまで、「悪」の程度には幅がある。

行動の機能に着目して行動の進化を探る人間行動生態学に沿って考えれば、「犯罪」のもとにあるのは、個人どうしがある限られた資源をめぐって競争状況にある時、一方的に自己利益を優先させ、他者に対して損害を与える行動を取ることと言えるだろう。競争状況に置かれた個人がこのような行動を取ることはありうる。動物の行動生態学で言えば、それも一つの戦略に過ぎない。しかし、それは悪いことだという認識がヒトには通文化的にある。ヒトの諸文化が持つ倫理や規範には生物学的基盤があるというようなことではなく、倫理や規範の生成はヒトの脳の基本的な働きが組み合わさって創発される感情に基づいているということであろう。

進化心理学、人間行動生態学では、倫理や規範の生成を可能にしている脳基盤の研究、それらの発達研究、人々が互いに自己利益を追求する中でどのようにして協力行動が進化しうるかを探るゲーム理論に基づいた研究、行動に関する仮説を立て実社会のデータで検証する実証研究など、様々なアプローチで研究が行われている。

進化ゲーム理論

同種の個体どうしの間には、食物、住みか、配偶相手など、様々な資源をめぐる競争が存在する。その競争に勝たなければ、個体は生存できず、子孫を残すこともできない。では、どうすれば競争に勝つことができるか。競争に勝てるようにするための装置の一つが攻撃性である。

このように言うと、生物の世界は、血みどろの闘いのみのように聞こえるかもしれない。「歯も爪も血にまみれた自然」という、アルフレッド・テニスンの詩に由来する言い回しが世に流布しており、人々のイメージに訴えるところが大きいが、それは間違いである。競争に勝つ方法は一つではない。そして、競争に勝つ方法は、相手がどんな行動に出るかによって変わるのである。

このことを最も明確に示しているのが、進化ゲーム理論である。ここで言う「ゲーム」とは、ある条件で個体どうしが競争し、得点を争う状況である。そして、そこでどのような戦略が有利になるかを検討するのが「進化ゲーム理論」である。進化ゲーム理論の祖の一人であるジョン・メイナード＝スミスの議論を見てみよう[6]。

限られた資源Xに関して競争する個体の集合がある。相手との競争によってその資源を獲得するための戦略として、「タカ派戦略」と「ハト派戦略」の二つがあるとしよう。タカ派は、相手に出会えば必ず攻撃をしかけ、資源をわが物にしようとする、けんか好きな戦略である。ハト派は、そんな攻撃はしかけず、儀式的なやりとりで決着をつけようとする。さて、タカ派とハト派のどちらの戦略が有利だろうか。それは、タカ派であることのコストと利益、ハト派であることのコストと利益により、さらに、周囲にタカ派とハト派がどれだけ存在するかによるのである。

タカ派の個体がハト派の個体に出会った時には、タカ派は攻撃をしかけるが、ハト派はそれに応じないですぐに逃げる。タカ派の個体は資源を無償で得られるが、ハト派の個体も競争のコストは回避している。タカ派の個体がタカ派の個体と出会ったらどうか。これは、両者が攻撃に出るので熾烈な闘いになる。そこで勝てばよいが、負けると多大なコストを負うことになる。ハト派どうしが出会った時にはどうなるか。両者ともに儀式的な威嚇の動作に費やし、結局は何らかのゆらぎの効果によってどちらかが撤退することになる。それはそれで時間を無駄にしたコストは生じるのだが、たいしたことはない。

では、結局は、どちらの戦略のほうが優れているのだろう？　それは、それぞれの戦略のコストと利益によって決まるのであって、一義的には言えない。

なぜ、何十年も前から知られている初歩的なゲーム理論の解説を長々と披露したかと言えば、それは、競争的な社会状況でもっとよい戦略というものは一義的には決まらないということを示すためだ。進化生物学の話というと、「人間には、動物としての闘争本能が備わっている」「利己的遺伝子に操られているわれわれは、暴力から逃れられないのだ」などという言い方に出会うのだが、そんな単純な話ではない。

攻撃性は、生物が生きていく上で必要不可欠な動因の一つである。しかし、競争状況でどのような行動を取るかの戦略には、その生物が住む社会の様子によってたくさんの可能性がある。他者を攻撃して排除するのではなく、他者と一緒に協力することも、資源獲得の道の一つである。

犯罪の生物学的基盤の研究は、競争状況でヒトがどのような行動を取るかの研究の一部であろう。ヒトは、全体の利益のために協力行動を取ることができる。しかし、そこにコストがある限り、自分はそのような協力の恩恵を受けながら協力のコストは支払わないという、「ただ乗り」が進化しうる。それは犯罪である。そこで、協力行動はどのように進化するか、「ただ乗り」を防止するには何が必要かが研究されている。

協力行動の進化

個体どうしが協力し合う行動はどのように進化するのだろうか。個体どうしが協力し合うと、単独で行動する時よりも両者とも利益を得られる事態もある。その場合には協力行動は容易に進化し、それは相互扶助と呼ばれる。

問題は、一方がコストを払って協力し、他方に利益を得させる利他行動である。血縁者ではない赤の他人どうしの協力行動は、非常に進化しにくいことが知られている。それは、協力を選択しなくてもある程度の利益が見越せる状況で相手に協力した時、その相手が同じく協力を選択してくれるかどうか、確信が持てないからだ。そして、自分が協力して相手が協力してくれなかった時のコストが非常に大きいからである。

「囚人のジレンマ」ゲームというものがある。これは、二人が対戦するゲームで、戦略としては「協力」と「非協力」の二つがある。すると、表13－1に示すように、自分も相手もともに「協力」を選んだ時には、双方にR点が生じる。しかし、自分が「協力」を選んだのに相手が「非協力」を選んだ時には、自分はS点、相手はT点を得る。最後に、両者ともに「非協力」を選んだ時の双方の得点はP点である。そしてT＞R＞P＞S、かつ、(T＋S)／2＜Rという関係がある。

つまり、単独で見た時には、相手が協力してくれているのにそれを裏切って非協力に出ることが最も得点が高い。だからと言ってどちらも非協力を選ぶと、双方が協力を選んだ時よりも得点は低くなる。しかも、協力と非協力という二人の得点を平均した時よりも、両者が協力した時のほうが

表13-1　囚人のジレンマゲームの利得行列

	協力	非協力
協力	R / R	S / T
非協力	T / S	P / P

$T>R>P>S$, $(T+S)/2<R$

両者の平均得点は高くなるのだ。だから、協力というのはよい選択なのだが、何せ相手の協力につけ込んで裏切るのが最も得点が高いので、協力行動は進化しにくいということになる[7]。

　進化生物学者のロバート・トリヴァースは、利他行動が進化する一つのシナリオを提案した。ある時点で、個体Aが個体Bに対してコストcを払って利他行動をし、個体Bがそれによってbという利益を得たとする。しかし、のちに今度は個体Bがcというコストを払って個体Aを助け、個体Aがbという利益を得たとする。b>cであれば、こういう関係を続ける利益は大きいということだから、このような互恵的利他行動は進化するだろうと考えた[8]。

　それはそうなのだが、この互恵的利他行動が進化するには、いくつかの条件が満たされていなければならない。トリヴァース自身が指摘するように、利益は得たがお返しをしないという「裏切り」を検知し、そういう個体を排除する能力がなければならないのだ。そのためには、きちんと個体識別し、相手の行動を逐一記憶し、裏切りをした個体に対しては次回に協力しないという行動選択をしなければならない。そして、同じ個体どうしがかなり長期間にわたって関係を繰り返すような、半ば閉鎖的な集団を形成している必要がある。これは、必要なハードルがかなり高い条件なので、多くの研究がなされた結果、ヒト以外の動物では互恵的利他行動の確たる証拠は得られていない。

社会的ジレンマ――「うわさ」と「罰」

先に述べた「囚人のジレンマ」ゲームは、二個体間で行われるゲームである。しかし、社会一般では、二個体ではなく不特定多数の個人の間で、先のようなジレンマ状況が生まれることが多々ある。たとえば、地域のゴミの分別収集で、みんなが手間暇かけて規則を守っているのに、守らずにゴミを出す人がいる。それは誰だかわからないので、報復のしようがない。結局、コストをかけて規則を守っている人たちが損をすることになる。これは、社会的ジレンマと呼ばれる状況である。(9)社会には、見つからずにすめば自己利益を得られるという事態は様々な場面で存在するので、ゴミ出し規則の無視のように他人に迷惑をかける程度のことから重大犯罪になるものまで、非協力行動選択のチャンスはいくらもある。犯罪の摘発と防止は、社会的ジレンマに対する解決策の一つととらえられるだろう。

社会的ジレンマを解決し、誰もが規則を守るようにすることは難しい。これについても、膨大な量の研究がなされてきた。この状況で「非協力者」を排除することはできるだろうか。一つには、評判の重要さが指摘されている。二個体間の交渉で相手が協力したかしなかったかに基づいて、それぞれの個人に「いい人」「悪い人」という評判のレッテルを貼り、第三者がそのレッテルに基づいて、その人に対して協力するかしないかを決める戦略などの有効性が検討された。これは、人の評判とうわさの威力を考慮すれば非協力行為をなくすことができるかどうか、という研究である。これは、ある程度有効ではあるようだ[10]。

もう一つは、非協力者に対して罰を与えることを導入するとどうなるか、という研究だ。n人で協力するタイプのゲームを設定し、そのゲームを繰り返し行って、誰が協力したかしなかったか、それによって各自が何点を獲得したかがわかるようにする。協力しない人が得点を上げていく状況が見えると誰もが協力を放棄するので、協力的状況は作りにくい。

ここで、自分がxというコストを払って非協力者の得点からyという点を減ずるという「罰行為」を導入する。すると、コストがかかるにもかかわらず、「罰行為」を選択する人はいる。そして、やがて集団は協力に転じていくのである。ヒトには、多少のコストを払ってでもただ乗り行為をする他者を罰したいという欲求があるようだ[11]。

近代国家は、法律を定め、法制度を作り、警察や裁判所、刑務所など、法を効果的に施行するための組織を抱えている。違反者を見つけ出し、罰を与えて、非協力行為が利益を生むものではないように仕向ける。それらを運用するための組織は税金でまかなわれる。つまり、近代国家は、みながある程度のコストを負担して、集団的協力状態が維持されるようにすることを選択した社会だと言えるだろう[12]。

この仕組みはかなり有効であるらしい。このような法制度を持たない小規模伝統社会における暴力の頻度は、法治国家に比べて非常に高い。法制度は、何万人、何百万人という人間が平和的に社会を築いていくことを可能にした、大いなる装置なのである。

ヒトの社会性の発達

しかし、これまでの様々な研究から、ヒトという生物は本来、非常に協力的であることが明らかになった。ヒトは、トリヴァースの互恵的利他行動を成り立たせる条件を満たしており、事実、互恵的利他行動を行っている。が、それだけではなく、見ず知らずの他人が困っている時、二度と会わないとわかっていても助けてあげることもある。

実際、ヒトには、他者に協力的であるようにする本質的なものが備わっているようだ。実験室に二歳の幼児と母親を連れてきて、座っていてもらう。そこに、両手一杯に荷物を抱えた人物が入ってきて、戸棚の扉を開けようとするのだが、うまく行かない。そうすると幼児は、頼まれたわけでもないのに、すたすたと歩いていって扉を開けてあげるのである。つまり幼児は、他者の動作や表情から他者の意図を理解しており、その意図を達成するには何が必要かを理解した時には、それを自ら行うのである。別に他者を助けようとしているのではなく、そうすることが「楽しい」のだ[13]。

乳幼児の社会性の発達に関する最近の研究によると、生後六カ月の赤ん坊でも、困っている他人を助ける個体を意地悪な個体よりも好むことが明らかにされている。

実験ではいくつかの動画を幼児に見せるのだが、丸に二つの目がついたものが、山に登ろうと苦労しているかのように、途中まで行っては落ちるという動きをする。これをクライマーと呼ぼう。そこに三角形に二つの目がついたものが出てきて、クライマーを後ろから押してあげて、頂上に達する。それとは別に四角形に二つの目がついたものもあり、そちらは登ろうと努力しているクライマーを上から押し下げて登るのを阻止する。この二つのシナリオと登場人物を見せた後で、幼児が優しい三角形と意地悪な四角形のどちらを好むかを調べたところ、圧倒的に優しい三角形を選んだのだ(14)。

なぜこのようなことが起こるのかの詳細はまだ明らかではない。しかし、これらの研究から、ヒトという動物は、基本的に他者の意図を理解すれば、その意図がかなうことを好ましいと感じる性質を持っているようである。

しかし、おとなの社会生活の中で、常に赤の他人どうしが助け合うわけではない。子どもも少し大きくなると、二歳児の実験場面のようには他者を助けなくなる。それは、社会が基本的に独立した個人の自由意思に基づいて営まれているという現実を知り、頼まれもしないのに他者を助けることはおせっかいであると学習し、それぞれの状況における自己利益が何であるかを理解するようになるからだ。それでも、ヒトという動物は、出発点として他者の意図を実現させようとするものであり、それが協力的に振る舞うことにつながるように生まれついた存在なのである。

共感の脳内基盤

ヒトが他者に対して協力的に振る舞うことの基本に、共感という感情がある。他者の思いを自分のものとして感じる能力である。共感の脳神経基盤について、近年、多くの研究がなされた結果、興味深いことがわかってきた。

他個体が痛みを感じているのを見ると、自分も同じように痛みを感じる。これを情動伝染と呼ぶ。これはネズミでも見られる。社会生活を送る動物にとって、他者の感情状態は貴重な情報なのだ。身近にいる他個体が恐怖や痛みを感じているのであれば、自分もそのような状態になる確率は高い。そこで、他個体の感情状態を自らに挿入することができれば、よりすばやく事態に対応することができるだろう。情動伝染は、そのような適応度上の利点があるので進化したと考えられる。

ヒトでは、自分が肉体的な痛みを感じている時に活動する脳部位と、他者が肉体的な痛みを感じているのを見た時に活動する脳部位とは同じである。情動伝染は、同じ脳部位が活性化することで起こっているのだ。また、自分が肉体的な痛みを感じている時に活動する脳部位は、自分が社会的な痛みを感じている時に活動する部位と同じである。他者からいじめられる、意地悪をされる、悪口を言われる、阻害されるなど、肉体的ではないが損害を受けた時に感じる「痛み」は、まさに肉体的な痛みと同じなのだ。

ところが、他者がそのような社会的痛みを感じているのを見た時に活性化する脳部位は、これらとは異なるのである。この時は単純な情動伝染ではなく、高度な情報処理にかかわる前頭前野が活動している。つまり、自己と他者は別であることを認識し、自分に起こったことではないことを承知した上で、他者の状態を想起し、同情しているのである。これを「認知的共感」と呼ぶ[15]。

ハンナ・アーレントは、自己と他者を同化して自動的に感じる同情と、自己と他者が異なることを認識した上で他者に対して感じる同情とを区別したが、それは正しかったのだ。

認知的共感は、ヒトをヒトたらしめている能力の一つに違いない。競争的状況において自己利益の最大化を目指すのは動物一般にとって「合理的」な行動だが、ヒトは常にそうするわけではない。ヒトは「超」がつくほど向社会的で他者に協力する。その心的基盤は認知的共感能力にあるのだろう。

前頭前野の働きによる個体差

このような脳を持っているのがホモ・サピエンスである。そこで、前頭前野の働きが非常に重要になるのだが、ここには大きな個体差がある。前頭前野は人類の進化史の中でも直近になって進化してきた部位である。二足歩行のような古い形質は、誰もが効率的に二足歩行できるように最適化されている。しかし、どのくらい社会的に考えられるか、またそうしたいと感じるかには大きな個体差がある。そのような状況になってからの進化的時間が短いことと、ヒトの社会は先に述べたようなゲーム理論的な状況にあるため、いろいろな性質が共存可能だからだ。

中でも、先天的または後天的に前頭前野の一部に大きな損傷のある人たちがおり、彼らは一般の人々と同じように共感するわけではない。連続殺人犯などに見られることが多いが、彼らは、共感モードが自動的に発動しないので、ためらいもなく冷酷に自己利益を追求するのだろう。

近代の法律は、誰もが同じように理性を持っており、合理的判断ができるはずだという前提に立って作られている。そこで、合理的であるはずの個人がなぜ非合理な行動に出たかを検討するという中で、「心神耗弱」などの概念が作られた。しかし、もともとの脳の構造にこのような差異があるということは考えられていなかった。それがわかった現在、そのような人たちをどう扱うべきか、今後の課題である(16)。

また、脳内の神経伝達物質の一つであるモノアミンオキシダーゼAの遺伝子には多型があることが知られている。どちらも普通の環境で育てば同じなのだが、一方の遺伝子型を持った人が子ども期に劣悪な養育環境で育つと、非常に暴力的な行動を取りやすくなることが知られている。養育環境は本人の意志で選んだわけではないので、このような人が罪を犯した時には、その責任はどのように考えるべきだろう?

私は、脳科学専攻の大学院の講義の中で、このような脳を持った人たちが犯した罪をどのように考えるかを取り上げたことがある。しかし、その講義は留学生がたくさん履修しており、その出身国も中国、ロシア、ウズベキスタン、インド、インドネシア、アメリカと非常に多彩であった。そこで議論は紛糾し、私が想定していたように議論を深めることは全くできなかった。なぜなら、これらの国々の人々の間では、人権に対する考えが大きく異なっていたからである。人権をどう考えるか、ヒトの行いとヒトの本性をどう考えるか、改めて考えさせられる機会であった。

生物学的背景と環境・教育

進化心理学者のマーティン・デイリーとマーゴ・ウィルソンは、殺人者はどんな人物かについて進化的な仮説を立てた上で、世界の様々な文化における統計的データを使って仮説を検証した[17]。まず、ヒトも哺乳類であり、哺乳類一般に雄どうしのほうが雌どうしよりも繁殖のチャンスをめぐる競争が激しいことを考慮すると、男性の殺人率のほうが女性のそれよりも多いと考えられる。また、男性間の殺人率と女性間の殺人率では、前者のほうが圧倒的に多いだろうと考えられる。世界各地のデータからは、それは支持された。私は日本のデータを分析したが、日本でもその仮説は支持された。

次に、男性どうしの競争の度合いは繁殖開始前後の若い頃が最も高く、以後、年齢が上がるとともに減少するので、殺人率もそのような年齢カーブを描くだろうと考えた。つまり、年齢別の人口一〇〇万人当たりの殺人率のカーブを描くと、二〇代前半で急激に増加し、以後落ちていく三角カーブになる。世界のデータはそれを支持している。しかし、日本では、一九七〇年代まではそのようなカーブが見られたが、以後は徐々に三角の頂点が低くつぶれ、一九九〇年代にはほとんど平らになってしまった。

私の分析では、それは日本の戦後の社会変化が諸外国に比べて急激であり、二〇代の人々の置かれている社会状況が大きく変化したからだ。一九〇〇年生まれ、一九一〇年生まれ、一九二〇年生まれなど、コホートごとに年代別殺人率を計算すると、どのコホートでも若い時の殺人率が高く、年齢とともに下がっていた。年齢の効果はたしかに存在するのである。ただし、後から生まれたコホートほど二〇代の最高時の殺人率が低くなっているので、一九九〇年、二〇〇〇年などの一時期を横断的に見ると、年齢による三角カーブは消えてしまうのだ[18]。

では、殺人者はどのような人々なのか。世の中で起こる殺人の多くは、周到に計画された保険金詐欺がらみの殺人のようなものではない。つまらないことが原因の喧嘩など、一時的な怒りの感情の爆発によるものである。それは、相手を負かす、除去するという短期的な利益を優先し、そのような行為に伴う長期的なコストを考えない行為である。つまり、自分の行動選択のコストと利益を考える時の「地平線」が短い。と言っても、それらを冷静に計算しているのではなく、脳の思考と感情が地平線の短いモードにセットされてしまっているのである。

それでは、どんな人が「地平線」の短い状態であるのか。それは、人生の長期的な展望が描けない人、今現在失うものがない人であろう。それは、失業して職がない、一定した住居がない、学歴が低く雇用のチャンスが少ない、蓄えがない、家族がいない、などの状態にある人だと考えられる。そこで、殺人者の失業率、学歴、年収、家族の有無などを社会一般の集団と比較したところ、仮説は支持され、両集団の間には有意な差が見られた。

戦後の日本社会は、高度経済成長とともに若者の大学進学率が上昇し、企業の「終身雇用、年功序列」といった日本に固有の安定した就業状態が一般化していった。さらに、GDPの増大にもかかわらず、社会の経済的な不平等を表すジニ係数はかなり低く抑えられていた。その結果、後から生まれた世代の若者ほど、学歴が高く、豊かで、将来展望のある人の割合が増えていったのである。そして、「地平線」の短い若者の割合が減り、殺人率はどんどん下がっていった[18]。

協力的社会の基盤

本章では、進化心理学、人間行動生態学に基づいて、ヒトが罪を犯すことの背景について、これまでの研究や分析を紹介した。

動物は、競争状況に対して様々な行動戦略を採る。状況によっては、相手を殺したり暴力的に資源を奪ったりする行動も進化しうる。ヒトもそのような行動を取る場合がある。しかし、ヒトの古今東西のどんな集団も善悪の基準を持っており、そのような行動は悪いことだと見なされている。それが法律として明確にされた時、それに反する行為として「犯罪」と呼ばれるのだが、近代的な法制度を持たない小規模伝統社会においても、それは悪なのだ。

ヒトの特徴は、互いに協力し合う大きな集団を作り、協力的な行動を概ね維持しているところにある。進化生物学的に見れば、このことこそが実に不思議なことなのだ。近年の研究によると、ヒトにはごく小さい頃からそのような向社会的傾向が備わっているようだ。そしてヒトは、他者の置かれた状況を知り、自分に重ね合わせて他者の気持ちに同情する、認知的共感の能力も持っている。

このような性質は、協力的社会を作る基盤として重要だろう。

しかし、血縁を越えた大きな集団で協力的な社会を維持していくことは困難であり、ヒトにおいてもそれは無条件に成り立っているのではない。常に非協力行動を取って自分だけが得をするというインセンティブは存在し、誰もがそれを知っているからこそ、非協力行動を取る個体に対して怒りを感じるのである。

協力行動を維持する上で、非協力者を罰するという行為は非常に重要な働きをしている。罰する行為そのものにはコストがかかるが、ヒトはそのコストを払ってでも非協力者を罰したいと欲する。ゲーム理論による研究や、いろいろな社会における犯罪の統計的な分析などの研究は、どのような条件下にあると人々が犯罪的行動を選択するのか、全体の協力を維持するにはどんな条件が必要かを明らかにしてきた。

進化心理学、人間行動生態学のこのような研究は、よりよい社会を設計するには何をしたら有効かについて、多くの示唆を与えるに違いない。ただし、「よい社会」とは何であるかは価値の問題である。また、ある一つの点で有効と思われる策を取っても、それが思いもよらない副作用を別のところにもたらすこともある。さらに、暴力的な傾向をもたらすような生物学的な理由があるとわかった犯罪者の責任能力をどう考えるか、様々な局面を考慮した上での判断となろうが、これも何が一番大切かをめぐる価値判断である。それは、進化生物学の範疇にはなく、他の叡智を集めて行わねばならない作業であろう。

注

（1）Wilson, E. O.（1975）. *Sociobiology: A new synthesis.* Belknap Harvard（伊藤嘉昭（監訳）（一九九九）社会生物学　思索社）

（2）Alcock, J.（2002）. *The triumph of sociobiology.*（長谷川眞理子（訳）（二〇〇四）　社会生物学の勝利——批判者たちはどこで誤ったか　新曜社）

（3）Segerstrale, U.（2000）. *Defenders of the truth.* Oxford University Press.（垂水雄二（訳）（二〇〇五）社会生物学論争史——誰もが真理を擁護していた　みすず書房）

（4）Barkow, J., Tooby, J. & Cosmides, L.（1992）. *The adapted mind: Evolutionary psychology and the generation of culture.* Oxford University Press.

（5）Cronk, L., Chagnon, N. & Irons, W.（2000）. *Adaptation and human behavior: An anthropological perspective.* Routledge.

（6）Maynard Smith, J., & Price, G. R.（1973）The logic of animal conflict. *Nature, 246,* 15-18.

（7）Axelrod, R.（1980）. Effective choice in the prisoner's dilemma. *The Journal of Conflict Resolution, 24(1),* 3-25.

（8）Trivers, R.（1971）. The evolution of reciprocal altruism. *The Quarterly Review of Biology, 46(1),* 35-57.

（9）山岸俊男（二〇〇〇）社会的ジレンマ——「環境破壊」から「いじめ」まで　ＰＨＰ研究所

（10）Milinski, M., Semmann, D. & Krambeck, H.（2002）. Reputation helps solve the "tragedy of the commons". *Nature, 415*, 424-426.

(11) Fehr E. & Gachter, S. (2000). Cooperation and punishment in public goods experiments. *American Economic Review, 90(4)*, 980-994.

(12) Gurerk, O., Irlenbusch, B., & Rockenbach, B. (2006). The competitive advantage of sanctioning institutions. *Science, 312*, 108-111.

(13) Werneken, F. & Tomasello, M. (2006). Altruistic helping in human infants and young chimpanzees. *Science, 311*, 1301-1303.

(14) Hamlin, J. K., Wynn, K. & Bloom, P. (2007). Social evaluation by preverbal infants. *Nature, 450*, 557-559.

(15) Masten, C. L., Morelli, S. A., & Eisenberger, N. I. (2011). A fMRI investigation of empathy for "social pain" and subsequent prosocial behavior. *Neuroimage, 55(1)*, 381-388.

(16) Raine, A. (2014). *The anatomy of Violence: The biological roots of crime*. Vintage.（高橋洋（訳）（二〇一五）暴力の解剖学――神経犯罪学への招待　紀伊國屋書店）

(17) Daly, M. & Wilson, M. (1988). *Homicide*. Aldine de Gruyter.（長谷川眞理子・長谷川寿一（訳）（一九九九）人が人を殺すとき――進化でその謎をとく　新思索社）

(18) Hiraiwa-Hasegawa, M. (2005). Homicide by men in Japan: the relationship between age, resource and risk-taking. *Evolution and Human Behavior, 26(4)*, 332-343.

第14章　ヒトの適応進化環境と現代人の健康

これまで、ヒトという種が進化してきた道筋において、ヒト固有の特徴がどのように出現してきたのかについて、いろいろと検討してきた。本章では、ヒトの進化環境がどのようなものであったかを再構築することにより、現代の私たちの環境がいかにそこから遠いものになってしまったか、そして、それが私たちの健康にどのような影響を与えているのかについて考えてみたい。それは、私たち自身についてより深く知ることにつながるばかりでなく、現代の社会でより健康的に生きるための秘訣をも示唆してくれるだろう。

ヒトの適応が起こった進化環境

これまでに述べたように、私たち直立二足歩行する人類は、およそ六〇〇〜七〇〇万年前に現れた。そして、およそ二〇万年前に、私たち自身が属する種であるホモ・サピエンスが進化した。ヒト固有の適応が進化した舞台であった環境とは、どんなものだったのだろう？

それは、「適応進化環境」（Environment for Evolutionary Adaptation）、略してＥＥＡと呼ばれている。この概念が最初に提出されたのは、実は、ここで検討してきた最近の人類学や進化心理学の分野ではない。これは、イギリスの心理学者、ジョン・ボウルビーが一九五〇年代に提出した概念であり、用語である。彼は、子どもが育つ環境とはどのようなものかについて考察する中で、この概念に至った。ボウルビーについて話しだせば長くなるのだが、この言葉に限って言えば彼は、近代イギリスの上流階級が持っている社会通念などがヒトという生物が育つべき本来の環境なのではなく、ヒトという動物が進化してきた過去にどのような環境だったのかを考えなければならない、そうでなければ教育政策でも何でも間違った方向に行ってしまうだろう、と考えた。

現代の進化心理学、人間行動生態学は、ボウルビーの概念を再発見した。私たちの脳とからだの基本設計は六億年余りにわたる動物の進化の上に作られており、さらにそこに哺乳類の進化が付け加わり、類人猿の進化が付け加わった。私たちの脳とからだの働きは、昼夜を問わず照明があり、コンピュータなどの科学技術に取り巻かれている現代環境に適応するように進化したわけではない。脳の進化が実際に起こった舞台であるＥＥＡについては、よく検討してみる必要がある。

糖と塩分と脂肪の取り過ぎ

現代の先進国の食生活の大きな問題の一つは、砂糖や塩や脂肪の取り過ぎである。それが、肥満、高血圧、糖尿病、心臓病など、様々な疾患を引き起こしている。では、なぜ私たちはこんなにも、ケーキやチョコレートやポテトチップスなどの食物が好きなのだろう（レタスや昆布ではなくて）？　糖も塩分も脂肪も、ヒトの生存になくては困る非常に重要な物質である。そこで、私たちの味覚がそれらをおいしいと感じ、摂取を促すようにできているのは立派な適応に違いない。問題は、そこに歯止めがなさそうに見えることだ。

目の前にある砂糖や塩や脂肪はおいしそうに見える。しかし、それらをずっと取り続けていると過剰になり、悪い効果が現れるのだから、ある種の量を目安に、最適なところ以上になったらほしくなくなる仕組みはないものか。どうやら私たちはそんな仕組みを備えていないらしい。だから、健康上の問題が起こるまでそれらを摂取してしまう。それがなぜかを考えるには、現代のスーパーマーケットではなく、ヒトが進化した環境で砂糖や塩や脂肪がどのように手に入ったのかを考えねばならない。

サトウキビやてん菜の栽培によって大量に砂糖が手に入るようになったのは、ヒトの進化史からすればごく最近のことだ。塩もしかり。動物性の脂肪とタンパク質も同様である。狩猟採集生活では、天然資源が食物である。ここが大事なことだが、ヒトの進化環境において、それらがあり余るほどふんだんにいつでも手に入ったことなど、ごく最近までなかったのだ。だからこそ、それらに対する嗜好性は非常に強く、それらに対する歯止めは進化しえなかったのである。

ヒトの嗜好は、糖や塩分や脂肪を強く求めるように進化した。その嗜好ゆえに、ヒトは技術文明によってそれらをふんだんに生産するようになった。ところが、私たちの脳とからだは、それらの過剰摂取に対する歯止めを進化させてはいないので、現代環境ではそれが私たちに害をもたらすことになっているのである。

節約遺伝子はあるか

肥満は、世界のどこでも今や大きな問題であるが、特に太平洋諸島の住人や北アメリカの先住民たちの間では重大な健康リスクである。しかも、こんなにも多くの人々が肥満になることはつい最近までなかったので、一つの仮説が提出された。それは、これらの地域の人々は、進化的過去においてしばしば飢饉を経験してきたため、自然淘汰によって、少ない食物を十分に吸収して栄養を蓄積するような特別の遺伝子を持っているのではないか、という仮説である。これを、節約遺伝子仮説という。

節約遺伝子とはつまり、なるべく少ない食物から最も効率よくカロリーを抽出できるような形質を生み出す遺伝子である。過去に飢饉をしばしば経験してきた集団であれば、そのような遺伝子はたしかに有利に働いたに違いない。それがごく最近になって突然、高カロリーの食物がふんだんに手に入るようになったので、節約遺伝子が仇となり、肥満が急増しているのだという仮説である。

この仮説が一九八〇年代に最初に提出されて以来、節約遺伝子を見つけようと、膨大な数の研究がなされてきた。しかし、現時点でその成果はと言うと、節約遺伝子は見つかっていない。糖尿病にかかわる遺伝子、循環器系疾患にかかわる遺伝子などはたくさん見つかったが、それらのどれも、単独では罹患率を上げることにほんの数パーセントの効果しか持っていないようだ。

最近では、「節約遺伝子」と呼べるようなものはないのではないかという意見が強くなっている。ことは、もっと複雑なのだろう。私たち日本人を含めてアジア人では、他の集団と比べると肥満のヒトの割合は少ない。また、肥満の度合いもそれほどではない。では、それが何らかの節約遺伝子関連の現象なのかと言うと、それほど簡単ではないようである。今後は、代謝にかかわる要因などについて、さらに細かな研究が必要になるだろう。

ヒトの適応進化環境での社会

何を食べていたかではなく、ヒトが暮らしていた社会に目を向けてみよう。ヒトの生業形態は長らく狩猟採集生活であったが、それはどんな社会なのだろう？　ヒトは、毎日顔を合わせているのは二〇〜五〇人、社会的なつながりを緊密に保っているのはおよそ一五〇人という、小さな集団の中で暮らしてきた。そこに階級や序列はなく、様々な問題に対して、人々は話し合いなど緊密な交渉により、最適と思われる解決策をみんなで探ってきた。

以前にも述べたように、子どもを育てるには大変な労力がかかり、とても両親だけでできることではない。ヒトは、集団の誰もが子育てにかかわる共同繁殖の動物である。子どもは、両親を含めて多くの大人によって世話され、異年齢の子ども集団で一緒に遊びながら、様々な技術や習慣を身につけていく。

進化史上、ヒトという生物が一貫して占めていた特定の自然環境はない。ヒトはおよそ七万年前に全世界に広がったので、熱帯林から砂漠からツンドラまで、どんな生態環境にも暮らしてきた。しかし、どんな自然環境に住んでいるにせよ、ヒトの社会が備えているいくつかの特徴を抽出することはできる。それをＥＥＡと考えてよいだろう。

さて、その小さな集団の中で、人々はみな、それぞれ仕事に得手不得手がある。どんなに狩りの名人といっても、常に狩りに成功するわけではない。病気やケガで働けない日も多くあり、集団の中の誰かが狩りに成功したら、みんなでそれを分け合うことで生き延びていく。一方、狩りは不得手だが石器作りが得意な人もいれば、食物の獲得はいまいちだが社会関係の調整が上手な人もいる。はたまた、どんな作業にも秀でてはいないが、みんなが落ち込んでいる時に冗談を言ったり、火を囲んで休んでいる時に生き生きと物語を語ったりするのが得意な人もいる。人づき合いはさっぱりだめで社交性などゼロだが、道具を発明する名人もいる。人々が小集団で生きていけるのは、それら様々な能力や性格の人々が、一緒に共同作業をしているからなのである。

文化的ニッチと精神的健康

以前、私は、ヒトがこのように様々な役目を負って社会の中で生きていけることを、文化的ニッチと呼んだ。ヒトの社会には、いろいろな性格や能力のヒトがいろいろな役割を果たせる文化的ニッチが存在する。しかしそれは、ヒトがみなで一緒に支え合う共同作業の社会を作っているからこそ可能なのだ。

チャールズ・ダーウィンと同時代に自然淘汰の理論を考えついたアルフレッド・ラッセル・ウォレスは、冗談を言う能力などがなぜ自然淘汰で有利になるのか理解できないと言った。それに対して、ダーウィンのブルドックと呼ばれて有名なトーマス・ヘンリー・ハックスレーは、みんなが疲れて帰ってきた時にキャンプのまわりで冗談の一つも飛ばせるような男は、とても魅力的に違いないと述べた。それはその通りだろう。

問題は、自分では何の獲物も持ってこられないのに冗談だけは言えるような人でさえ、社会の中で認められ、そんな人にもみんなが食物を分け与えて支え合ってきたのはなぜか、ということだ。現代の狩猟採集民の社会で実際にそういう人はおり、それでもみんなに支えてもらっている。冗談を聞いて笑うことは快であり、それによってみんなのやる気が上がるということの価値を、人々は意識的にか無意識的にか知っているのである。

現代の先進国は貨幣経済の社会である。人々は稼いだお金でサービスと関係性を買う。お金さえ持っていれば、自分一人で自立して暮らしていけるかのような幻想を抱くことができる。人々の間のこれまでの共同作業は対面での社会交渉によって成り立ってきたのだが、貨幣経済の浸透とともに、ある特定の仕事さえこなせば、貨幣という抽象的交換価値が手に入るようになった。その結果、私たちは関係性の貧困に悩まされている。結局のところ、社会関係をお金で買うことはできない。物質的な欲求が満たされても精神的な満足が得られない人もいれば、逆に、お金がないゆえに社会関係も貧困になり孤立する人もいるのが現代の問題だ。それらはどちらも、共同作業の社会で働くことによってこそ幸せを見出してきたのがヒトの進化的環境だという事実から、逸脱した結果であるように考えられる。

ヒトの適応進化環境と現代社会の問題については、次章でさらに検討してみよう。

第15章　ヒトの適応進化環境と社会のあり方

ヒトという生物が進化してきた時の舞台が、ヒトの適応進化環境（ＥＥＡ）である。生物のからだや脳神経系の基本的なプランは、コンテキストの何もない真空で進化するのではなく、その生物が暮らしていた環境に適応するように進化する。では、ヒトにとって、そのような環境はどんなものだったのだろうか。

だいたいにおいて、第14章で描写したような環境であったとするのが、一つの考えである。毎日、水と食物を求めてサバンナをてくてく歩き、肉や植物など様々な食物を食べる雑食で、カロリー摂取はかつかつ。砂糖や塩や脂肪がふんだんにあることは決してない。みんなで共同生活を営み、狩猟採集で生計を立て、日常的に関係を持つ人数は最大で一五〇人ぐらい。子どもを育てるのも共同作業である。ヒトのからだと脳は、基本的にこのような環境に適応していると考えるのが、進化心理学、人間行動生態学における仮定である。

EEAは一つであったか

それに対して、EEAは一つの環境ではなかったという考えもある。ホモ・サピエンスがおよそ七万年前にアフリカを出て全世界に広がっていった時、行った先々の環境は、森林から砂漠まで、熱帯から寒帯まで、実に様々であったはずだ。それらを一つの「ヒトの適応進化環境」とまとめることはできないという考えである。しかし、具体的にどんな場所であるかは、地球上のどこに位置するかで違いがあるにせよ、それは本質的な違いではなく、基本的に、先に述べたような環境であったことに変わりはないと、私は考える。

北極圏でのイヌイットの人々の暮らしと、アフリカの熱帯降雨林でのピグミーの人々の暮らしとでは、その細かい内容は大いに異なるだろう。特に食物の内容はずいぶん異なる。実際、乳製品を主食にしている牧畜民では、牧畜を始めた一万年前以来、乳糖を大人になってからも分解できるように遺伝的な変化さえも起こっている。しかし、どの文化でも、ヒトはかなりの量のタンパク質を含む、取得困難な食物を食べ、そのような食物を得るために協力して働き、母親・父親という概念を持ちつつ、他の人々も子育てにかかわっている。個人が単独で暮らせる社会はなく、シングルマザーが一人で子育てするのが当たり前の社会も存在しない。

EEAと世界の歴史

さらに、特にEEAを考える必要はないという考えもある。ヒトは常に新たな環境に進出し、新たな技術を発明して暮らしを改変してきたのであるから、ある一つのＥＥＡに収まってはいないという考えである。ヒトの環境適応性が並外れて高いことはたしかであるが、私はこの考え方にも賛成しない。

ヒトのからだと脳が進化した時には、ヒトは長らく狩猟採集で生計を立てていたのであり、先に述べたような暮らしをしていた。その後の文明の発展は、まずは人々に定住生活をもたらした。農耕は安定した穀物供給によりカロリー摂取を増大させたが、狩猟採集生活に比べて栄養の偏りをもたらした。農耕以後の遺跡から出土する骨には、栄養失調その他の問題を抱えたものが非常に多い。このことはやはり、ＥＥＡからの離脱にヒトのからだが追いついてはいないことを物語っている。

農耕と牧畜が始まったのは、およそ一万年前である。それは徐々に世界中に拡散したので、今では狩猟採集生活を続けている集団は、ごくわずか残っているに過ぎない。そして、農耕と牧畜という生業形態は、その後のヒトの生活様式と思考、情動、動機づけにとてつもない変化をもたらしたのだ。現在の私たちは、農耕・牧畜・定住が当たり前で、さらに文明化、都市化した貨幣経済の社会に住んでいる。そして、これがヒトの暮らしとして当然だと思い込んでいる。

しかし、それは全く違うのだ。狩猟採集生活では、取ってきた食物を貯めこむことはできないので、たくさん取ることに意味はない。取れなければ取れないで嘆くだけ。持ち物が多すぎると、移動する時に運ぶ手間になる。このような生活なので、遠い将来のために「一生懸命」働くという概念がないのだ。そして何であれ、「もっと、もっと」ほしいと望むという動機づけもないのである。

そんなことが意味を持つようになったのは、農耕や牧畜をして食物を自ら生産し、それを蓄積することができるようになった後のことであり、それはたった一万年前に始まったばかりのことなのだ。

定住生活はその後、都市化をもたらし、やがては産業革命に至る。こうして社会は「発展」してきたのだが、その発展は常に新たなマイナスの側面をも生み出してきた。定住生活は、狩猟採集生活とは異なり、富の蓄積を可能にした。それが個人の間に不平等をもたらした。その行き着くところとして、近代以前の帝国においては、奴隷その他、膨大な数の被支配階級の人々を生み出すことになった。しかし、それは決して心地よいものではなく、やがて近代革命とともに消えることになった。

フランス革命などを見ると、アンシャン・レジームが当たり前であったところに、自由と平等という新たな概念を人々が生み出し、そのような新しい価値に向かって立ち上がったかのように思える。しかし、もっと長いスパンでホモ・サピエンス二〇万年の歴史を振り返ってみれば、極端な富の蓄積と不平等があることのほうが不自然なのであり、それは定住生活を採用したことから出てきた副産物の一つであった。資源を保有、蓄積することのできない狩猟採集社会では、自由と平等などという意識もなく、それを表す言葉もないのであるが、誰もみな状況が許す限りの自由と平等のもとで暮らしてきたのである。公正感は、ホモ・サピエンスの基本的な感情の一つであるに違いない。

産業革命後は、効率的な分業による労働形態が生まれ、国家の経済発展に寄与することになった。

これがまた新たな搾取の階級を産み，職場環境を劣悪化させ，人々に働く意義を感じさせなくなった。チャールズ・チャップリンの映画「モダン・タイムス」に描写されるような社会である。その後，こうした状況も改善され，近代の個人主義と自由の思想が，人々を昔ながらのしがらみから解放した。それは福音ではあるのだが，孤独と社会的孤立に伴う問題を発生させている。

これまでの世界の歴史は，ヒトが新たな文化と社会を発明するたびに，結局はEEAからの逸脱が問題となってその解決を迫られるという繰り返しであったように，私には思える。ヒトという動物は，抽象的思考能力が高いので，どんな新たな問題が生じても，それに対して常に新たな解決を見出してきた。しかしそれは，ヒトがどんどん新奇な生物へと変化しているということではない。ヒトは常に，基本的に雑食で，適度な運動と娯楽が必要で，共同作業によって生計を立て，公正感を大事にし，他者とコミュニケーションをとって愛情を感じながら生きていきたい生物なのである。その時々の状況の中で，なるべくそれを実現するように努力してきたということなのだろう。もちろん，ヒトがいつもそれを自覚しているわけではないので，常に最適な解決をしてきたとは限らないのだが。

ヒトの可能性——よくも悪くも

動物の社会は，一般に平等，公正ではない。昆虫から哺乳類まで，競争のあるところには必ず不平等が生じている。社会の中で競争に負けた個体は，それで全くあきらめることはなく，次善の策を採って暮らしていく。たとえば、雌をめぐる雄どうしの闘いに負けた雄は、なわばりを持つことはできない。しかし、そのままあきらめることはなく、なわばり雄の周辺にこっそり隠れ、雌がやってきたらすばやく交尾するという「スニーカー戦略」を採ることもある。雌のふりをしてなわばり雄の目をかすめることもある。

これらの動物たちが、この状態を「不公平」だと認識することはないだろう。ヒト以外の動物は、全体像を把握することはできないので、それぞれの状況に応じて自らが選択可能な戦略を採るだけである。しかし、ヒトは全体像を把握することができる。第11章で述べたように、三項表象が理解できるので、他者が何を考えているのかを互いに共有することができる。そうすると、自分と他者の関係において、自分が有利なのか不利なのかを理解することができるだけでなく、他者が有利または不利だと考えていることも理解できる。それに共感することもできる。

そこで、ヒトの感情はいっそう複雑になる。もしも自分が他者よりも有利なのであれば、それは好ましく快感ではあるのだが、他者がそれを不快に思うことも理解できる。それを不快に思う他者が、自分を嫌うことも理解できる。そうして嫌われることは自分にとって好ましくないことも理解できるので、あからさまな不平等の状態を真に快と感じることはできない。近代以前の帝国の支配者が、神を持ち出すなど、様々な手段を用いて自らの権力の正当性を主張したのは、このようなヒトの心性があるからではないか。何か理性に訴えて納得できる説明がなければ、あからさまな不平等を受け入れることは、誰にとっても困難なことなのだ。

しかし、それは結局のところ口実に過ぎないので、人々はそれを見破る。そこで、時代の流れとともに、ヒト全体としてはなるべく納得の行く形で公正性、平等性を追求することになったのではないだろうか。この先もヒトが結局はＥＥＡから逸脱することはできないと言っても、それは昔のような社会に戻れという意味ではない。この二〇万年の間に社会が変化してきたように、決して本当の後戻りはできない。

目指すべきは、どんな科学技術社会になるにせよ、どんな理想を実現しようとするにせよ、ＥＥＡでヒトが快だと感じてきたことに対してはまじめに検討することだろう。雑食であること、適度な運動と娯楽が必要であること、対面のコミュニケーションが大切であること、公正感が大切であること、共同繁殖であることなどは、暮らしと社会の制度設計において非常に重要である。具体的にどんな形にせよ、これらから逸脱すれば何か不具合が起こるに違いない。

一方、ヒト本来の自然の欲求を実現すればよいというわけではない。たとえば、ヒトが視覚の動物であるという進化的事実から、ヒトの感覚は視覚的な刺激に対して強いバイアスのかかったものであることが推測される。砂糖や脂肪に対する強い嗜好があるのと同様、ヒトには視覚刺激に対する強い嗜好があるに違いない。そうであれば、自由主義の市場経済のもと、視覚的な娯楽が異様に繁栄するだろうと推測される。テレビやビデオ、ゲームはその現れであろう。また、現在盛んに使われているいろいろなソーシャルメディアは、ヒトが他者とコミュニケーションを取りたい、おしゃべりしたい、自己表出したいという欲求にすり寄った技術である。これらを、欲望のおもむくままに放置しておいてよいのかどうか、ＥＥＡを基点とすれば、それも考える必要がある。特に、子どもが育つ過程において。

ＥＥＡが何であるのか、まだ議論の最中ではある。しかし、社会のあり方を考える上で、必須に考察せねばならないものであることは確実であろう。

第16章　言語と文化

本書も終わりに近づいてきた。最初に提案した、進化の理解を通じて人間の理解を統合してみたいという目標は、やはりまだまだ道半ばである。これは一生かかっても成し遂げられないかもしれない大目標なので、それは仕方のないことだろう。

本章では、言語と文化について、これまでの考察をもとに、もう一度考えをまとめてみたい。

ヒトの本質にかかわる形質——文化を持つこと

すでに述べたように、ヒトという生物固有の形質は直立二足歩行を含めていくつもあるが、ヒトが地球上に大繁栄しているという事実に最も大きく寄与しているのは、ヒトが文化を持つということだろう。文化を「遺伝的な伝達以外の方法で、ある形質が世代を超えて伝達されること」と考えれば、他の動物にも文化はある。しかし、ヒトの文化では、単にある事象が伝達されるというだけでなく、蓄積的、発展的に伝えられる。つまり、個々の文化要素が単に伝達されるだけではなく、次世代ではそれをもとにさらなる改良が加えられ、新奇なものがつけ加えられていく。このような文化を持つ動物は他にないので、これこそがヒトの本質にかかわる形質の一つと言えるだろう。

では、このような文化を持つことを可能にしているのは、ヒトのどんな形質だろうか。その一つは、第11章で取り上げた三項表象の理解であると私は考えている。一人ひとりが何かを考えるだけではなく、互いが相手の意図と目的を理解し、知識を共有するからこそ、文化は蓄積的、発展的に伝えられる。それを支えているのは、三項表象の理解に基づく「心」の共有であろう。

それでは、三項表象の理解を可能にしている脳の神経基盤は何なのだろうか。その答えはまだ出てはいないが、最近の脳神経科学の発展はそこに迫りつつある。自分が手を動かして物をつかむ時に発火するニューロンの中に、他者が手を動かして物をつかむのを見た時にも同じく発火するニューロンがある。これは、自分が意図した動きと、他者が意図を持ってする動きとの双方に反応するので、ミラーニューロンと名づけられている。三項表象の理解に何らかの形でミラーニューロンがかかわっているのは確実だと思われる。

蓄積的、発展的な文化を持つには、もちろん三項表象の理解だけでは十分でない。互いが「心」を共有する前に、個々の「心」が様々な高次機能を備えていなければならないだろう。因果関係の理解、全体像を把握するメタ認知、カテゴリー化、抽象化などが必要である。では、これらの能力を可能にしたものは何だろうか。

「入れ子構造」の理解は、その候補の一つである。ある集合が、別の集合の中に一部として含まれるということの理解は、ヒト以外の動物にはとても難しいことらしい。チンパンジーにもこれはなかなかできない。たとえば、左側に大きさの異なる三つのお椀があり、それらを全部右側に移してください、という問題を出す。ヒトのおとなはもちろんのこと、幼児でも、これら三つを大きい順に重ねて一つのかたまりとし、それを一度に右に動かす。しかし、チンパンジーはそれをしないし、他のサル類もしないのである。つまり、互いに重ねた「入れ子構造」のものを作ってそれを一つとものと見なす、というのは、結構難しい課題であるようなのだ。しかし、カテゴリー化にもメタ思考にも、入れ子構造的論理は重要な役割を果たしている。これはまた複雑な問題であり、とても私が答えられる範囲には収まらない。

ヒトの本質にかかわる形質——言語を持つこと

一方、文化の伝達に言語が大きな役割を果たしていることはたしかだ。言語があるおかげで、ヒトは、「心」の共有を迅速に、より正確に行うことができる。言語はコミュニケーションの手段であり、思考の道具でもある。意味と文法を備え、無限に新たな意味を創出していけるような「言語」というものは、ヒトだけが持つ形質である。では、言語を可能にしている形質は何なのだろう？

ここにも、三項表象の理解は決定的に重要な役割を果たしていると私は思う。個体がある状況のもとである信号を発し、他の個体がその信号を受け取る、そして状況に応じて自らの行動を変える、というのが、信号によるコミュニケーションの基本である。鳥のさえずりもサルの警戒音も、このような信号コミュニケーションだ。ヒトの言語コミュニケーションは、これとは本質的に異なる側面を持っている。それは、動物の一般的コミュニケーションが発信者から受信者への情報の流れであるのに対し、ヒトの言語では「心」が共有されていることである。単に信号の情報が伝えられているだけではなく、発信者が信号を発した意図を受信者が理解していることを、発信者が理解しており、そのことを受信者も理解している。

ベルベットモンキーは、ヒョウ、ヘビ、ワシという三種の異なる捕食者に対して、異なる警戒音を発する。ヒョウを見たサルは、「ヒョウ」という警戒音を発する。それを聞いた他個体は、適切な行動を取って逃げる。しかし、受信者が発信者の「心」や意図を想像することはなく、発信者も受信者の「心」を想像することはない。まして、「そうですよね」と、うなずき合うこともない。しかし、ヒトの言語コミュニケーションには、意味内容の理解とともに、またはそれよりも強く、「心」を共有しようとする欲求が含まれている。その基盤として、三項表象の理解が必須だと思われるのである。こう考えてくると、ミラーニューロンのより進んだ理解は、ヒトの本質に迫るものに違いない[1]。

言語は、音声によるコミュニケーションである。様々な音を組み合せて単語が作られており、単語はそれぞれ意味を持つ。それらが文法規則によってつなぎ合わされて、さらなる意味が生み出される。これらの音声は生得的なものではなく、学習によって形成される。ヒトは、のどと口の周辺の筋肉を自在に操ることができ、音声学習ができる。こんな動物は、他にあまりいない。その能力にかかわる脳の神経回路や遺伝子も解明されつつあるので、今は本当に刺激的な時代である。

文法構造の理解と言語の創出

言語の重要な特徴は、文法構造を持つことだ。どの言語も、単語を並べるための一定の規則を持ち、並べ方が変われば意味が変わる。では、文法構造はどうやって進化したのだろうか。文法を理解するための遺伝的基盤はあるのだろうか。

私は、文法自体は、言語を可能にしている他の様々な認知能力を備えるようになったヒトが、音声を使って何らかのコミュニケーションをしている間に、自然に創出されてくるものだと考えている。つまり、言語の最初期には文法はなくてかまわない。サルの仲間はみな、文法はないがかなり複雑な音声コミュニケーションを持っているので、ヒトの祖先も音声コミュニケーションを使っていたに違いない。その中で、三項表象の理解も含めて、認知能力が高度化していく。そういう個体が集まって音声コミュニケーションをしている間に、創発的な現象として、要素をある一定の規則に基づいて並べるということが始まるのではないだろうか。

そして、それが集団内で共有されるようになると、ヒト集団にとっての新たな「環境」となる。子どもはそのような言語環境の中に生まれてくるので、必ず文法規則を習うことになる。こうして言語は文化的に伝達され、集団が異なれば、異なる言語が話されるようになる。

もしそうだとすれば、文化的に作られたそのような言語環境の中で育ち、そこで暮らしていくという歴史が長く続けば、その言語環境により適応するような脳の構造や配線が自然淘汰で広まるという、文化と遺伝子の共進化が起こったかもしれない。これはまた複雑な話になるが、私が言いたいのは、言語の進化の最初期に、文法を作り出したり理解したりすることにかかわる特別な遺伝子などはいらないということだ。

私はまた、言語は、ヒトが社会集団で暮らす中でのコミュニケーションの文脈で進化したものに違いないと考えている。言語はたしかに思考の道具でもある。が、言語はもともと思考の道具として進化し、のちにコミュニケーションに使われるようになったのではないだろう。と言うか、思考の道具としての機能に対してよりも、コミュニケーションの道具としての機能に対してのほうが、ずっと淘汰圧が高かったのではないか。

言語があるおかげで、ヒトの思考はより明晰になり、より複雑な論理を組み立てることも可能になった。それが高度な蓄積的文化を生み出す原動力にもなった。しかし、それもこれも、個々のヒトが独立に考えて高度なものを生み出しているのではなく、互いに「心」を共有し、共同作業をすることによって築いてきたのである。個人が言語を使ってより明晰な思考をすることによって何らかの産物を生み出すことにかかる淘汰圧と、互いのコミュニケーションを通して共同作業で成し遂げることにかかる淘汰圧とを比較すると、後者のほうがずっと重要だというのが、私の考えである。

自意識という謎

さて，最後に，ヒトという生物に固有の形質の一つとして，「自己」の認識を挙げることができるかもしれない。自己，自意識の進化は，これまた非常に複雑で難しい問題である。とてもここでそれを論じていくことはできないが，最近の研究の中ではニコラス・ハンフリーの考察が興味深い[2]。脳内の構造の議論はともかく，ヒトが直立二足歩行し，かつ鼻づらが短いということは，自己の認識に大いに寄与したに違いない。何しろ，これで自分のからだがよく見える。おまけに手が自由であり，手でものを操作することができる。世界を変える原因としての「自分」というものの認識は，これによって促進されたに違いない。

次章では，人文系の人間理解と自然科学系のヒト理解をどのように橋渡しするかを考えたい。

注

（1）マルコ・イアコボーニ　塩原通緒（訳）（二〇〇九）．ミラーニューロンの発見――「物まね細胞」が明かす驚きの脳科学　早川書房

（2）ニコラス・ハンフリー　柴田裕之（訳）（二〇一二）．ソウルダスト――〈意識〉という魅惑の幻想　紀伊國屋書店

第17章　人間の統合的理解の行方

さあ、本書もとうとう終わりに近づいた。長いようで短く、短いようで長かった。しかし、まだ言い足りないことだらけ、結局のところ短すぎて舌足らずで終わりそうである。第1章で、人間の理解をめぐる学問を統合したい、理系と文系の人間探究を統合したいというような願望を述べた。それは、まがりなりにも実現できただろうか。結果はとても心もとない。それはその通りなのだが、それでも、私がこの試みに取り組む間に得たこと、感じたことは多々あるので、本章ではそのいくつかを述べてまとめとしたい。私自身の探究は今後も続くので、いつかまた、その成果をご披露できる機会があればと望んでいる。

学問間の融合とはどういうことか

第1章で述べたように、人間の理解をめぐっては、自然科学系の学問による探究と、人文社会系諸学による探究とが別個に行われてきた。この二つの分野による探究は、互いに十分に連携することはなく、互いの成果を自らの領域に取り入れて参照することも、長らくほとんどなかったと言ってよい。最近は、少しは変化が見られるものの、その壁はまだまだ高いと言える。

さて、私は、自然科学の分野から、進化生物学の考えを使って、自然科学系による理解と人文社会系による理解との橋渡しをしようと言ってきたのであるが、結局のところ私が行ってきたのは、進化生物学による人間研究の乗っ取りのように見えるかもしれない。つまり、哲学や経済学、社会学、倫理学などが考えてきたところに、進化生物学の視点による自然科学的探究を試みたのであるが、それは、自然科学系と人文社会系の「融合」ではなくて、単に自然科学がその領域を広げただけなのかもしれない。

学問がそれぞれタコ壺に陥ることなく、学問の諸分野を融合することが大事だとはこれまでも言われ続けてきたものの、それはいったい何なのか、何ができればそれが達成されたことになるのか、答えはなかなか難しい。

「文」か「理」かの違いかどうかはともかく、異なる研究分野が同じ土俵に立って議論できるようになることは、大変に難しい。たとえば、経済学という学問分野を考えてみよう。一八世紀のアダム・スミスから始まった経済学は、人間がものを売り買いする行為にかかわる心理と行動(それを経済活動と呼ぶのだが)の分析であり、もともとは人間の欲求とはどのようなものか、人間が意思決定する基盤はどのようなものかといった、きわめて人間の本性の探究に近いものであった。だからこそ、スミス自身、人間の道徳感情の起源などについて論じたのである。

ところが、この探究がこの分野で精密化されていく中で、独自のモデルが作られ、そのモデルに基づいて様々な理論が立てられるようになった。「経済学」という独自の分野が形成されるとともに、いわばその中に閉じた人間研究が作られていったのである。その一つが、「ヒトは完全情報下で完全に合理的に振る舞う意思決定者である」という仮定である。そうだとすると、ヒトは他者の感情などには一切おかまいなく、一円でも得する状況を選ぶはずだということになる。それがホモ・エコノミクスなる人間像である。

本当にそうだろうか。ヒトは、実際の生活の中で本当にそのように行動しているだろうか。経済学という学問は長らく、ヒトが実際にそう行動しているかどうかはさておき、その仮定のもとで理論を構築してきた。もう十年以上も前になるが、ある経済学者にそれは違うのではないかと私が言ったところ、「いえ、でも、われわれの仮定のもとではこの話は整合性があるので、これはこれでいいのですよ」という返事であった。

本当にいいのだろうか。実のところ、最近の経済学には変化が起きている。理論的に整合性があるからよいということで終わらせず、ヒトが実際にどのように行動するか、どのように考え感じるかを研究する経済学が作られつつあるのだ。それを調べるためには、ヒトを対象に実験をせねばならない。ある状況のもとでヒトがどのような選択をするのかを、心理学が行ってきたような形で実験するのである。それは実験経済学という分野になり、今では、そのような意思決定をしている時にヒトの脳がどのように活動しているのかを調べる、神経経済学という分野さえも生まれている。

経済学が、認知神経科学や社会心理学と結びついたのである。

これは、一つの学問が持っていた概念の範囲を越えて、他の分野の手法や成果を取り入れて新たな地平に広がっていった、よい例の一つだと私は思う。それが本当にどんな発展をもたらすか、それはわからない。けちをつける人たちもたくさんいる。それでも新しい試みはやってみるべきだし、間違っていればまたやり直せばよいのだ。

文理融合とはどういうことか

それはさておき、文系諸学と理系諸学の融合である文理の融合は、大変に難しい。果たしてそれは可能なのだろうか。人間について探究するという大きな目的は同じでも、人文社会系諸学がやってきたことと、自然科学がやってきたこととは体系が異なる。自然科学は基本的に還元主義的であり、遺伝子のレベルまで落とし込んで、基本となる一般法則を見出そうとする。人文社会系諸学は個別性や歴史性を重んじ、一般法則では解決がつかない部分を重要視する。

自然科学は還元主義的で一般法則を重んじるので、物理学だろうが化学だろうが生物学だろうが、最も細かいレベルではすべてに共通する法則の上に成り立っている。物理学で成り立つ法則が生物学では成り立たないということはありえない。物理学と生物学は、現象のレベルやスケールが異なるので、全く同じ概念で両者が説明できるということはないが、相互に矛盾はない。もしも互いに矛盾する結論が導かれたら、それは大変な議論になるだろう。

ところが、人文社会系諸学は個別性や歴史性を重要視し、さらにそこに「価値」の問題までもが絡んでくるので、自然科学のように統一的な基盤を作るのは難しい。たとえば、歴史学を考えてみよう。日本の歴史をどう描くか、日本の歴史を動かしてきた原動力は何かという問題の答えは、自然科学のように普遍法則に基づいてきれいに一つの答えが出るものではない。「歴史」の中で何が重要だと考えるかは、人々の立場によって異なるし、着眼点によっても異なる。権力の視点から見た歴史と、民衆から見た歴史は異なる。それでもそこに普遍法則による理解を試みようとする立場もあれば、あくまでも個別の視点や現象にこだわるという立場もありうる。

では、文理融合は、所詮無理なのだろうか。以前、生と死の問題について、哲学者や倫理学者と一緒に議論をしたことがあった。私は、進化生物学の手法で分析した時の研究結果を報告した。それを聞いた哲学者、倫理学者の中に、「それはそれで結構で、論理は通っているのだろうが、やはり私は、それだけで生と死の問題に解決がつくとは思わない」と言った人がいた。冗談じゃない。私は、進化生物学の研究によって生と死の問題に解決がつくなんて、初めから全く思っていないのだ。

私は、生と死の諸問題について、哲学や倫理学の分析だけで解決がつくなんて思っていない。だから、進化生物学による分析を行っている。同時に、進化生物学の研究だけで解決がつくなんて思っていない。だからこそ、哲学や倫理学による研究成果を知ろうとしているのだ。どちらかの探究方法がどちらかよりも優れているというのではない。文理融合ができるとしたらそれは、互いに他方の研究成果を自分の研究分野の中にどのように取り込めるのか、その利用の仕方がわかった時ではないだろうか。文理融合したからと言って、それぞれの分野が消えてなくなることは、おそらくない。それぞれの分野の独自性は保たれるのだが、他分野で見出され、蓄積されてきた成果を、自らの研究領域の中にどのように取り込み、生かしていくことができるのか、そこに両者が気づいていくことが、文理融合なのだと思うのである。

人間の本性の理解

人間の本性が何なのか、答えはまだわからず、これからも探究は続くだろう。古来より、人間の本性については、性善説と性悪説とがあった。それはどちらが正しいのだろう？　本書でもいくつかの研究を紹介したが、ヒトは他者と協力して共同作業をせねば生きていけない動物であり、その基盤となる向社会性を身につけている。他者に共感する能力も持っている。その意味で性善説は正しい。

一方で、協力行動の進化に関してのこれまでの研究成果を考えると、協力のシステムの中に非協力が入り込む余地は十分にあり、協力のシステムが維持されるには多くの困難が伴うことも明らかになった。非協力者、裏切り者は必ず存在する。では、性悪説も正しいのかというと、そうではないだろう。大多数のヒトが本来非協力的で、他者を裏切り、出し抜こうとするものだということではない。つまり、トマス・ホッブズが考えたような、万人の万人に対する戦いがヒトの本来の姿だという仮説は誤りだと私は思う。

人間の本性にかかわる自然科学的探究は、一般論として、たとえばこんなことを明らかにしてきた。それが人文社会系諸学にどのように取り入れられるか。そして、一般法則の探究を目指す自然科学の人間探究が、個別の人文社会系諸学の研究成果から、何を学び、さらなる発展への糧とすることができるか。それこそが真の文理融合による人間の理解となるのだろう。道はまだ遠い。

次の章では、文理融合で人間の本性を探究しようという試みの一つである、進化心理学・人間行動生態学の発展について見てみよう。

第18章　進化心理学・人間行動生態学の誕生と展望

進化心理学とは何か。未だに多くの人々にとっては聞き慣れない名称ではないかと思う。それもそのはず、その始まりは二〇世紀の後半であり、歴史と言ってもまだ三〇年余りしかない。日本にこの分野を最初に持ち込んだのは夫の長谷川寿一と私ではないかと思うのだが、進化心理学のこの短い歴史のうち、最近の二〇年余りをともに歩んできた研究者として、その歴史と展望について述べてみたいと思う。

進化心理学は、基本的にはヒトの心理学に進化生物学を取り込んで、新しい理解をもたらそうとする学問である。しかし、この目的の達成には、心理学、進化生物学のみならず、脳科学、認知科学、自然人類学、行動生態学などの多くの分野を統合せねばならず、きわめて学際的な取り組みである。また、進化心理学的アプローチは、従来の経済学や倫理学、法学、考古学、言語学などにも影響を与え、これらの分野にも新しい流れをもたらしている。

人文社会系諸学と自然科学

進化心理学とは何かを述べる前に、人文社会系諸学と自然科学との違いについて一言述べておきたい。自然科学は、物理学であれ生物学であれ、基本的な原理は共有されている。つまり、たとえば、生物には生物に固有の法則や現象はあるものの、それらは、物理学や化学の原理に反するものではない。生物現象のすべてを物理や化学の過程に落とし込むことはできないとしても、すべての自然現象には共通の原理があり、それはすべての自然科学で共有されている。物理学や化学の発展を生物学が無視することはできず、物理学や化学の知見とは無関係に、またはそれらに矛盾する形で、生物を説明することはできない。これを、概念的一貫性と呼ぶ。

それでは、人文社会系諸学はどうだろうか。人文社会系諸学は、歴史学、社会学、経済学、心理学、倫理学、文学など、人間に関する学問である。これらはヒトという生物が織りなす営みの研究ではあるものの、互いに独立に、大いに無関係に発展してきた。それは当然そうであったという面もあるが、人文社会系諸学の間には、自然科学が持っているような概念的一貫性はない。このことは、時には大きな矛盾を生み出す。たとえば、心理学がヒトの認知や情動について研究し、その成果がかなり蓄積されているにもかかわらず、従来の経済学はそれを無視し、あるいは心理学の成果とは独立に、人間を完全情報下で完全合理性を備えた存在と仮定して理論を組み立ててきた。経済学の中では理論的整合性はあるとしても、現実にはそんな人間は存在しない。これでは、究極的に人間のよりよい理解には至らないのではないかと思われる。

進化心理学は、従来の心理学に進化生物学の知識を組み込もうとするものである。しかし、その試みの背景には、心理学がヒトの研究であるのならば、ヒトの生物学、そして進化生物学と概念的一貫性を持つものでなければならないという信念が存在するのである。

ウィルソンの社会生物学と社会生物学論争

進化心理学が誕生する前、人間についての研究を進化生物学に統合しようとする現代的試みの代表は、エドワード・O・ウィルソンによって始められた。一九七五年にハーヴァード大学の昆虫学者であるウィルソンが、『社会生物学——新しい統合[1]』という大著を出版した。これは、進化生物学の理論的発展を踏まえ、それまでに知られていた動物の社会行動を、昆虫から哺乳類まで、体系的に分析する書物であった。遺伝子淘汰に基づく分析、血縁淘汰の概念、親子間の対立に関する理論など、一九七五年までに新たに提出され、確立されていった行動の進化の理論を駆使した。

一九七〇年代まで、進化の単位は集団または種全体であるという漠然とした考えが広まっていた。すなわち、自然淘汰の結果生じる適応は、集団全体または種全体にとって有利な形質であるという考え方である。これを群淘汰と呼ぶ。

鳥の翼の形や霊長類の色覚など、形態あるいは生理学的な形質の多くについては、それが個体にとって適応的であるのか、それとも集団全体にとって適応的であるのかを明確に区別せずに論じても、さして困ることはない。しかしながら、個体の行動を考える場合には、これは重大な論点になる。なぜなら、たとえ同じ種や集団に属していても、個体どうしの間には様々な対立と葛藤があるので、その結果としてどのような行動適応が生じるかは、集団全体にとって適応的であるかどうかとは直接関係はないからである。むしろ、個体にとって適応的な行動は、集団全体から見れば適応的ではないかもしれない。そこで、群淘汰か個体淘汰かは、行動に関しては非常に重要な論点なのである。

一九六〇年代後半から研究が行われた結果、一九七五年までには、自然淘汰は遺伝子の複製率のレベルで考えねばならず、安易に群淘汰で説明するのは間違いであることがわかった。『社会生物学』は、その問題設定の上に動物の様々な行動を扱っていた。

遺伝子レベルでの自然淘汰の理論の中で、一九六四年にウィリアム・D・ハミルトンが提出した血縁淘汰の理論は、その後の社会行動の進化の分析に必須となる中核の理論である(2)。これは、遺伝子の複製は個体が自ら繁殖するばかりではなく、個体の血縁者の繁殖を通しても行われることに着目している。つまり、個体が血縁者の繁殖を助ければ、その道筋を通しても、その個体の遺伝子は次世代に複製される。そこで、個体の適応度は、自らの繁殖による適応度と、個体が血縁者を助けたことによる、血縁者の適応度の増分との和で考えるべきである。これを、包括適応度と呼ぶ。

血縁淘汰の理論は、ハチやアリなどの社会性昆虫のワーカーが、自らは不妊であって他個体を助ける行動を見せるが、それがなぜ進化するかという疑問を出発点として作られた。しかし、この理論は、社会性昆虫に限らず一般化することができる。このように遺伝子レベルで考える行動の進化の理論が発展したことを踏まえ、ウィルソンは『社会生物学』で、攻撃、なわばり形成、配偶、子育てなど、動物の社会行動を統合的に分析した。

それが大きな論争を巻き起こし、社会生物学論争と呼ばれる、長く続く感情的な論争に発展したのだが、それは、ウィルソンが最終章で人間を扱ったからである。彼は、人間も生物であり、人間の様々な社会行動も基本的にはこれらの理論で解明できるはずだと論じた。そしてさらに、人間を扱う人文社会系諸学は、いずれは生物学の一分野として包含されるだろうと論じた。この点に対する強い反発が、社会生物学論争の根源であった。

社会生物学論争には、イデオロギー的な側面が強くあり、遺伝か環境かという古くからの論争や数々の誤解も含まれていた[3]。その詳細はともかく、ウィルソンが種をまいたのは、人間の「行動」を最新の遺伝子淘汰の理論で分析しようとする新しい学問であった。

進化心理学の誕生

進化心理学（Evolutionary Psychology）という名前を最初に使ったのは、おそらく生態学者のマイケル・ギゼリンである[4]。彼は、一九七三年の論文で、チャールズ・ダーウィンが自然淘汰の理論を考えて動物と人間の行動や感情表現について考察を行っていることを指して、「行動を研究する画期的な方法を提出した」としている。しかし、ここで使われている「進化心理学」は、動物の心理からヒトの心理への進化の過程であり、今で言うところの「比較心理学」「比較認知科学」である。実際、ギゼリンの言う意味で進化心理学という言葉が広く使われることはなかった。

従来、個別の学問として行われてきた心理学を、ヒトの生物学、進化生物学の観点を入れて構築し直すという意味での「進化心理学」は、一九八八年のマーティン・デイリーとマーゴ・ウィルソンの著書、『人が人を殺すとき』に現れたのが最初ではないかと思う[5]。本書の中で、デイリーとウィルソンは、ヒトの殺人を、個体間の葛藤状況に対する究極的行動選択ととらえている。そして、殺人の動機や殺人に至る状況を、ヒトという種の中に進化的に形成されてきた感覚、情動、意思決定の仕組みから解明しようとしている。

その後、一九九二年にジェローム・バーコウ、レダ・コスミデス、ジョン・トゥービーが"*The Adapted Mind: Evolutionary Psychology and the Generation of Culture*"を編集し、出版した[6]。これが、進化心理学の展望を明確に示した書物であり、進化心理学の本格的な出発である。ここでは最初に、先に述べた人文社会系諸学における概念的一貫性の欠如とその必要性が論じられている。

さらに、社会生物学的アプローチの難点も指摘されている。社会生物学は、動物行動の分析と同様に、ヒトが示す行動を、行動のレベルで適応として分析しようとしてきた。このようなアプローチに対する反論の一つは、ヒトの行動は文化によって多種多様であり、それらの行動の一つ一つが遺伝子によって決められているわけがないというものである。

進化心理学は、遺伝子と行動の間に、行動を生み出す装置としてのヒトの心理を置く。それは情報処理・意思決定機構としての脳であり、脳の働きが行動というアウトプットを生み出す（図18－

1）。個人がどのような状況に置かれているかは、自然環境、社会・文化環境によって様々である。また、個人がその場その場で選択しうる行動選択肢も、自然環境、社会・文化環境によって様々である。特に、ヒトにとっての文化環境は個人を直接に取り巻く環境であり、行動選択肢の幅を一義的に決めるのも文化環境である。したがって、本当にヒトの進化史で適応的になるように形成されてきたのは、個々のアウトプットとしての行動ではなく、情報処理・意思決定アルゴリズムである

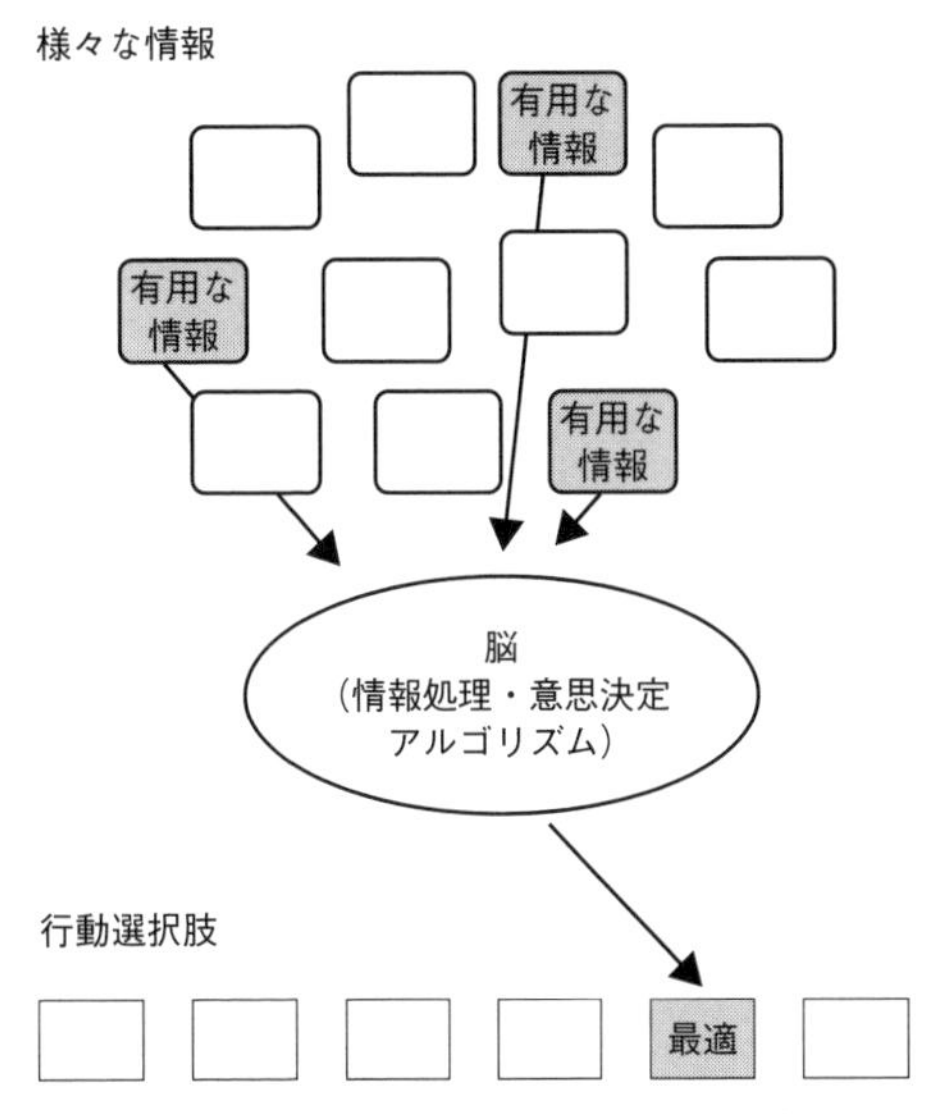

図18-1　情報処理・意思決定アルゴリズムとしての心理メカニズム
行動生態学の理論では、動物の行動は、様々な外的・内的情報の中から有用な情報だけを抜き出し、それらを査定し、自分が持っているいくつかの行動選択肢の中から一つを選ぶことの結果である。選択された行動が適応的であったかどうかによって自然淘汰が働き、行動に最適化が起こるが、真に自然淘汰の対象となっているのは、脳の意思決定アルゴリズムである。つまり、最適な行動を生み出すようなアルゴリズムが進化する。ところが、ヒトでは、自己意識を持ち、「行動選択しようとしている自己」を想像することができるようになったため、そのような主観的および客観的自己イメージが情報の一つに加わることになった。その場合、脳のアルゴリズムが最適化されるように進化するのかどうか、まだ不明である。しかし、その自己意識を明確に持つことによって、自己の行動を制御することは可能である。

だろう。「心理」とはそのアルゴリズムをさすものである。

たとえば、アイスクリームを食べる「行動」が適応的なのではない。そうではなくて、適応的なのは、糖や脂肪を摂取したいという欲求である。糖や脂肪がふんだんに安価で手に入る現代環境においては、アイスクリームの食べ過ぎは非適応的にさえなるだろう。

デイリーとウィルソンも、殺人の分析で同様な点について述べている。他者を殺す行動自体が適応なのではなく、葛藤状況を敏感に察知し、葛藤を解決するためのいくつかの手段の中から有効なものを選ぼうとする「意思決定」アルゴリズムが適応的なのである。殺人という行為自体は、実際には状況によって非適応的だろう。しかし、対人葛藤解決のために駆動されている情動と無意識の行動選択のメカニズムは、ほぼ適応的にできており、誰にでも備わっているはずである。

進化心理学の前提

進化心理学は、従来の心理学に進化生物学を適用して新たな仮説創出をするのであるが、そこにはいくつかの前提がある。以下に、それらを並べて検討しよう。

①すべてのヒトはホモ・サピエンスに属し、種としてはたかだか二〇万年の進化史しか持たない。アフリカで生まれた一握りのサピエンスの集団が、およそ七万年前から全世界に急速に広がったのがわれわれである。したがって、直立二足歩行がすべてのヒトに備わった特徴であるのと同様に、すべてのヒトに備わった、ヒトに固有の適応である「人間性、人間の本性」(human nature) が存

在するはずである。しかし、それは、先に述べたような情報処理・意思決定の心理メカニズムのレベルであり、個々の文化に見られるアウトプットとしての行動のレベルではない。文化によってヒトの行動が多様であることは、人間の本性の存在を否定する証拠ではない。

②こうして備わったヒト固有の「人間の本性」は、ヒトという種が進化する間に形成されたものであり、自然淘汰と性淘汰によって適応的なものに作られていった。

③人間の本性は心理メカニズムであり、心理メカニズムは脳の特性である。脳はヒトの進化の過程で作られた臓器である。赤血球が空気中の酸素を運び、小腸が食物を分解、吸収するように進化した臓器であるのと同じである。したがって脳は、どんな課題にも平等に解決能力が高いコンピュータのようなものではなく、ヒトの進化の過程で繰り返し重要であった問題に対処するように進化した、バイアスのかかった情報処理システムであるはずだ。

④現代の先進国の都市文化環境は、ホモ・サピエンスの進化史から見れば一瞬とも言える、ごく最近に生じた特殊な環境である。情報処理・意思決定アルゴリズムは、感覚、情動、動機づけ、記憶、報酬の査定など、複雑な心理メカニズムの統合であり、このような複雑な形質が文化環境の急速な変化にリアルタイムで追いついて進化しているとは考えにくい。そこで、ヒトという種が進化した舞台である環境はどんなものであったのか、その復元が非常に重要である。ホモ・サピエンスの進化史の大部分を、ヒトは狩猟採集民として暮らしてきた。したがって、ヒトの心理を理解するには、更新世の狩猟採集民の暮らしにおいて、どのような適応が重要であったかを考えねばならな

い。

⑤脳は、様々な感覚や運動の処理と制御を、全体で均一に行っているのではなく、領域ごとに分業している。視覚は視覚野で、聴覚は聴覚野で処理され、言語は言語野で処理される。言語も、聴覚的な処理と発話の処理とは別の部位で行われ、視覚も、物体の輪郭の認識、色の認識、他人の顔の認識などは、別々の部位で処理される。つまり、脳は作業課題ごとに異なるモジュールを持っている。モジュールの概念は、ここに挙げたようなものばかりではなく、異なる心理メカニズムにも当てはまるだろう。たとえば、他者との関係の社会的認知は、物体の物理的認知とは異なるモジュールで行われている。ヒトの進化史で繰り返し重要であった課題の解決は、独自のモジュールになっている可能性がある。

これらは、進化心理学が仮説創出するための大前提となっている。このような前提のもとに観察や実験を組み立てる心理学は、従来はたしかに存在しなかった。しかし、それは仮説創出の部分においてであり、実際の観察や実験の手法は、従来の心理学が開発してきたものである。

たとえば、③に挙げた前提に関連して、次のような研究がある。「AならばBである」という規則が守られているかどうかを調べるにはどうしたらよいか。この課題は論理的推論の問題であるが、一般的に非常に困難で正答率が低いことが知られている。しかし、これが「お酒を飲むなら二〇歳以上でなければならない」など、論理構造は同じだが、社会的な規則の形で書かれていると正答率は格段に上昇する。この事実は古くから知られており、多くの研究がなされてきた。しかし、その理由の説明は不満足なものであった。

そこで、これは、集団内で社会的な規則が守られていない状況を敏感に察知するという、ヒトの進化史で重要な問題解決と関連していたのではないかという仮説を提出してみよう。それに基づいて実験デザインを組み立てた結果、仮説は検証された[7]。この研究は、その後も議論が続いているが、進化心理学的アプローチをうまく描き出している。

アメリカの著名な社会心理学者であるリチャード・ニスベットはかつて、どの大学の心理学科にも、一人は進化心理学者がいるべきだと述べたそうだ。ところが、数年後には彼はこの言を撤回した。どこにも進化心理学者が一人いる必要はない。そうではなくて、すべての心理学者が本質的に進化心理学者であるべきなのだ、というのが彼の最近の結論だそうである。

進化心理学と人間行動生態学

社会生物学が行動のレベルで適応の説明をしようとすることに対し、進化心理学が異論を唱えたことは、先に述べた通りである。一つ一つの行動が遺伝子で決められているはずはなく、行動は可塑性に富むことは事実である。また、ヒトの進化史から見ればごく最近出現した現代環境に、ヒトの行動が必ずしも適応していない可能性はたしかにある。しかし、それではヒトの行動のレベルで適応は見られないのだろうか。

進化心理学とは別に、やはり行動のレベルでヒトの適応の研究をしようとするのが、人間行動生態学である。[8][9] 人間行動生態学は、狩猟採集民や焼き畑農耕民など、現代文明ではなくて、より人類の進化史で重要であった生業形態に近いと推定される小規模伝統社会のヒトの行動や、ヨーロッパの教会の記録や日本の宗門改帳など、過去の人々の生活や人口動態の記録を調査したりする。それによって、ある特定の文化環境で人々がどのような行動を取り、それが残した子どもの数という意味で実際に適応的であるかどうかを検討する。

人間行動生態学がこのようなアプローチで行動レベルの研究をするからといって、そのような行動がすなわち遺伝子の産物だとは考えていない。進化心理学と同じく、適応的に作られた情報処理・意思決定アルゴリズムの働きの産物だと考える。それはそうなのだが、その結果としての行動が適応的かどうかを見ているのである。社会生物学の激しい論争の中で、ヒトの行動を進化生物学的に分析することに対し、強烈な批判が展開されていたそのさなかから、「遺伝子決定論」などではない人間行動生態学は確実に育っていった。

研究の初期の頃には、進化心理学か人間行動生態学か、どちらの方向が正しいアプローチかについて大いに議論がされた。しかし、現在では、二つのアプローチとも多くの成果を挙げてきている。

進化心理学では、殺人の研究[10]や、先に挙げた四枚のカード問題を用いたヒトの論理認知バイアスの研究、配偶者選択の心理とその性差に関する研究[11]、言語を生み出す基盤となる社会性の研究[12]、内集団と外集団の区別の心理に関する研究[13]、道徳感情と公正感に関する研究[14]など、多岐にわたって成果が挙げられている。また、これらの研究に触発され、進化心理学的学説を取り入れた意思決定の経済学的研究も進んでいる[15]。

進化心理学の今後の展望

進化心理学は、まだ誕生してから三〇年余りにしかならない。人間行動進化学会がアメリカで作られたのは一九八八年であり、初代の会長は、血縁淘汰理論のハミルトンであった。二〇二二年には、第三三回の大会が行われた。コロナのため、二〇二〇年は休会、二〇二一と二二年はバーチャル開催だったが、二三年はオンサイト開催となる予定である。

私は、この人間行動進化学会に一九九六年から参加してきた。この間の動きを見ていると、初期の頃には、「普遍的な人間の本性」の探究に重きが置かれていた。ＥＥＡの議論も、そのような背景で取り上げられるようになった。その頃は、どんな文化であれ、ヒトとしての本性は無視できるものではなく、その普遍的人間性をこそ明らかにしていくべきだと主張されていた。今でもよく覚えているが、その頃の人間行動進化学会の大会のポスターの一つには、「普遍的人間の本性」という複雑な機械が前面に大きく描かれており、背景に小さなギザギザがあって、それが文化的な違い、という説明があった。当初の進化心理学は、文化をこのように瑣末なものと見ていたのである。

一方で、文化が違えばヒトの心理も違うという前提で、異なる文化の人々の間で、反応や行動がどのように異なるかを探究する、文化心理学という分野もできた。文化心理学は、ヒトの文化を所与のものとして受け入れ、ヒトはその文化の中に、いわば白紙で生まれ込んでくると考える。そこで、進化心理学と文化心理学は、根本的に対立するものだということになった。

　しかし、その後の進化心理学の進展を見ると、「文化」とは何か、文化はどのように生成するのか、ヒトはどのようにして文化に適合するのかなどの問題に関して、初期の頃よりもずっと真摯に挑戦するようになってきている。かく言う私もその通りで、以前は文化についてあまり真剣に検討しようとは思ってこなかったが、近年は、文化はヒトの心理と行動を決める非常に大きな要素だと考えている。しかし、単に文化心理学の勝ちというのではなく、ヒトの普遍的な本性はたしかに存在している。文化は、そのようなヒトが作り上げていくものなのだから、普遍的な本性はどこかに現れる。しかし、個人が生きていく上で一番重要な環境は、どのような文化が共有されている社会で生きていくのかという、文化環境である。個人は、その文化環境に対して適合的な行動を取るのだが、基本的な心の動きとしては、普遍的な反応というものがあるだろうと考えられる。現在の進化心理学は、そのような二重構造を前提に考察されていると思われる。

　また、研究にも流行があり、世相が反映されるようだ。以前は性差や性行動に関する研究もたくさんあったが、最近はあまり見られない。ＬＧＢＴＱに対する考え方が大きく変わり、女性の社会参加が進む中、性に関連する話題は取り上げにくくなっているのだろうか。

　以前、行動生態学の発展について、故ジョン・メイナード＝スミスが書いていたことを思い出す。一九七〇年代の行動生態学の形成期は、動物の採食行動に関する合理的意思決定モデルや、闘争に関する戦略の違いなどの研究が主流であった。そして、これらの分析が行動生態学の基礎を築いた。

メイナード＝スミスはこれを、当時の東西冷戦の世界で、研究者の興味に世相が反映された結果だろうと言う。そして、一九八〇年代後半になってから、雌による配偶者選択の問題が急激に取り上げられるようになったのは、社会での女性の権利の拡張が進んだことと、行動生態学の男性研究者の配偶相手がやはり行動生態学の研究者であることが多いという事実と、無縁ではないだろうと述べている。

この意見が正しいかどうかはわからないが、研究者も人間であり、社会を構成する一員であるので、研究の興味も、純粋に他の社会事象と無関係に形成されるのではないに違いない。ヒトを研究する場合、このことは、かなり大きな注意を要する問題かもしれないと感じる。

先に挙げた五つの前提についても、それが確固たるものとして動かないのではなく、議論は続いている。自然人類学、脳神経科学などの周辺領域が進歩すれば、前提としているものの詳細は改訂される。そうすれば、創出すべき仮説も変わっていく。

ヒトの脳は宇宙で最も複雑な構造体であろう。それが、二〇〇万年のホモ属の進化史、二〇万年のホモ・サピエンスの進化史の中で作られてきた過程をもとに、「人間の本性」を理解し、ヒトの集団が生み出す様々な活動を統合的に理解しようとするのは、壮大な試みである。しかし、自然科学の概念的一貫性をもって、新たな仮説創出を行うというアプローチは非常に魅力的である。それが実証科学の精密さをもって積み重ねられていく限り、この分野は発展していくだろう。

注

(1) Wilson, E. O. (1975). *Sociobiology: A new synthesis.* Belknap.

(2) Hamilton, W. D. (1964). The genetical evolution of social behaviour. I, II. *Journal of Theoretical Biology, 7(1)*, 1–16, 17–52.

(3) Segerstrale, U. (2001). *Defenders of the truth: The sociobiology debate.* Oxford University Press.

(4) Ghiselin, M. T. (1973). Darwin and evolutionary psychology: Darwin initiated a radically new way of studying behavior. *Science, 179*, 964–968.

(5) Daly, M. & Wilson, M. (1988). *Homicide.* Aldine de Gruyter.

(6) Barkow, J., Tooby, J. & Cosmides, L. (1992). *The adapted mind: Evolutionary psychology and the generation of culture.* Oxford University Press.

(7) Cosmides, L., & Tooby, J. (1992). Cognitive adaptations for social exchange. In J. H. Barkow, L. Cosmides, & J. Tooby (Eds.), *The adapted mind: Evolutionary psychology and the generation of culture* (pp. 163–228). Oxford University Press.

(8) Hill, K., & Hurtado, A. M. (1996). *Ache life history: The ecology and demography of a foraging people.* Aldine de Gruyter.

(9) Smith, E. A., & Winterhalder, B. (1992). *Evolutionary ecology and human behavior.* Aldine de Gruyter.

(10) Hiraiwa-Hasegawa, M. (2005). Homicide by men in Japan: The relationship between age, resource and risk-taking. *Evolution and Human Behavior, 26*, 332–343.

（11）Buzz, D. M. (1994). *The evolution of desire: Strategies of human mating*. Basic Books.
（12）Tomasello, M. (2008). *Origins of human communication*. The MIT Press.
（13）山岸俊男（一九九八）『信頼の構造――こころと社会の進化ゲーム』東京大学出版会
（14）Fehr, E., & Fischbacher, U. (2003). The nature of human altruism. *Nature*, *425*, 785-791.
（15）Henrich, J., Boyd, R., Bowles, S., *et al.* (2004). *Foundations of human sociality: Economic experiments and ethnographic evidence from fifteen small-scale societies*. Oxford University Press.

あとがき

本書のもとになった文章の大部分は、二〇一〇年から一二年にかけて東京大学出版会のＰＲ誌である『ＵＰ』に連載された。あれから一〇年以上がたち、取り上げた研究自体が進展したことも、私自身の考え方が進んだこともある。それらを取り入れて少し改訂した結果が本書だ。進化の視点からヒトの性質や社会のあり方などを考察したものだが、まだまだ力不足を感じている。

本書の始めにも書いたが、私は、自然人類学の出身であるにもかかわらず、長らく人間には興味がなかった。私はもともと、動物の個体どうしがどのように行動し、彼らが生息する環境との間にどんな関係を持っているかに興味を持っていた。その「動物」というのを「人間」にすれば、人間の行動生態学ということになるのだが、人間には文化も自意識もあり非常に複雑である。それは自分自身を見てもわかることだ。

そこで、まずはそんな複雑なことをあまり考えなくてもよい、いわゆる「動物らしい動物」を相手に研究しようと思った。人類学教室にいたのでは、人類進化に関係する動物である霊長類しか扱えない。人間ではなくても、チンパンジーもニホンザルも、当時の私にとっては十分に複雑だった。そこで、シカの研究をすることにして、英国のケンブリッジ大学動物学教室に行った。

英国では、ダマジカというシカと野生のヒツジを研究し、帰国してからはタニシやクジャクの研究を行った。それらの経験は、私に様々なことを教えてくれ、人間をも含めて動物の行動と生態を考える基礎を大いに広げてくれた。その間に、様々な海外の研究者たちと出会い、多くの国際学会に出席し、様々な書物に出会った。そして、ようやく、ヒトという特殊な動物に対する興味が真に湧いてきて、ヒトの行動生態学を始めようと決心した次第である。

自然人類学は、ヒトという動物がどのように進化してきたのかを探る学問だが、私が学生の頃も今も、その主流の研究分野は、古人類の化石の研究と遺伝子の研究である。私は、学生時代、そのどちらにも大した興味が持てなかった。しかし、今は大いに興味があるし、多岐にわたる自然人類学の研究分野のみならず、文化人類学や心理学、社会心理学などの研究分野も、自分がよく知るべきことの範囲に入っている。

つまり、私は、自然人類学という学問の中の一つの研究分野を究めるのではなく、人類に関する多岐にわたる研究をつなぎ合わせ、全体的な人類像を描きたいと思うようになったということだろう。学問がどんどん細分化され、それぞれに「超」詳しい研究が蓄積されていく今日、誰かは、それらをまとめてメタに見る視点を提供する役目を負わねばならないだろう。私は、そういうことに向いているような気がする。

私は、基礎的な自然科学の成果に対して、それは今すぐ何の役に立つのですか、という質問をされることの多い現在の風潮が大嫌いである。今すぐ役に立つことがはっきりしている研究だけを評価していたのでは、未来がない。これまでの「役に立つ」成果のほとんどは、発見当時、何の役に立つかもわからなかった事柄から来ているのだ。

それはそうなのだが、自然人類学の成果を現代の社会に役立たせることは、確実にできると思うのだ。自然人類学は、過去に人類という動物がたどってきた進化史を明らかにする。その時間スケールと、そのような進化が起こった舞台を、現代社会の変化と比べてみよう。人類は、その進化史の九九パーセント以上を狩猟採集民として暮らしてきた。私たちのからだと心の基本は、その生態環境の中で作られた。しかし、およそ一万年前に農耕と牧畜と定住生活が始まり、その後の文明の発展と国民国家、科学技術社会の発展が起こった。それは、あまりにも短い時間のうちに起こった、あまりにも大きな変化なのである。私たちのからだと心は、この変化に追いついて進化してはいない。

サピエンスの脳は、そんなこともできるからこそ、ここまでの変化を自ら引き起こしてきたのだが、そこには必ずや新たなストレスや問題がたくさん生じているはずだ。自然人類学は、そんな状況を明らかにできるだろう。だからと言って、何をするのがよいのかという実践的な問題は、これは、自然人類学が提供するものではない。何をよしとするかは、人々の価値観の問題である。しかし、自然人類学は、何がないとヒトはストレスを感じるか、何がないと幸せとは思わないのか、を明らかにしてくれるだろう。そのことは、私たちがこれからの社会を築いていくに当たって、考えるべき重要な材料であると思うのである。

このことは、自然状態がこうだからといって、そうでなければならないと主張する、自然主義の誤謬ではない。私たちは自ら空を飛ぶことはできない、というのは自然状態であるが、だからと言って、空を飛んではいけないということにはならない。実際、ヒトは飛行機その他の機械を発明して空を飛んでいる。それでも、ヒトがこのような無理な行動をとると、時差ボケなどの困った問題が出てくる。だから、それに対処することを考えねばならないということと同じく、ヒトという動物種が培ってきたからだと心の進化的形質は、現在の社会にマッチしているとは限らない。それでも、私たちはそのような生活を送る選択をしてきたのだ。だから、そこから生じるストレスや諸問題が何かを認識することができれば、それらの問題に対処し、今後のよりよい社会を築く足しになるのではないか、というのが私の考えである。これからの社会を築いていくための糧として、少しでもこんな考察がお役に立つことがあれば幸いである。

東京大学出版会の小室まどかさんには、UPの連載の頃から本書の出版に至るまで、すべての時点でお世話になった。この考察をまとめて世に出そうという彼女の強い意志がなければ、本書は実現しなかったかもしれない。ここに感謝の意を表したい。

二〇二三年一月

長谷川眞理子

初出一覧

以下の各章は、既発表論文を改稿の上、収録したものである。

第1~4、6~12、14~17章
長谷川眞理子(二〇一〇~一二)．進化的人間考1~15 UP、第三九巻第五号~第四一巻第九号(隔月連載)

第5章
長谷川眞理子(二〇一五)．進化生物学からみた少子化――ヒトだけがなぜ特殊なのか 学士会会報、第六号、七一―七八頁

第13章
長谷川眞理子(二〇一八)．ヒトはなぜ犯罪を犯すのか――進化生物学から見たヒトの行動戦略 罪と罰、第五五巻第三号、一八―三二頁

第18章

長谷川眞理子（二〇一一）．進化心理学の誕生と展望　臨床精神医学、第四〇巻第六号、七八三―七八九頁

人名索引

事項索引

あ行

か行

さ行

た行

な行

は行

ま行

や・ら・わ行

著者略歴

長谷川眞理子（はせがわ・まりこ）

1952年東京都生まれ．1983年東京大学大学院理学系研究科人類学専攻博士課程単位取得退学．理学博士．専門は行動生態学．現在，総合研究大学院大学名誉教授・日本芸術文化振興会理事長．主著に，『進化とはなんだろうか』（岩波書店，1999年），『生き物をめぐる 4 つの「なぜ」』（集英社，2002年），『クジャクの雄はなぜ美しい？　増補改訂版』（紀伊國屋書店，2005年），『人間の由来』（上・下）（訳，講談社，2016年），『私が進化生物学者になった理由』（岩波書店，2021年）他多数．

進化的人間考

2023年 2 月 17 日　初　版
2023年 5 月 10 日　第 2 刷

［検印廃止］

著　者　長谷川眞理子

発行所　一般財団法人　東京大学出版会

代表者　吉見俊哉

153-0041 東京都目黒区駒場4-5-29
https://www.utp.or.jp/
電話　03-6407-1069　Fax　03-6407-1991
振替　00160-6-59964

組　版　有限会社プログレス
印刷所　株式会社ヒライ
製本所　牧製本印刷株式会社

ISBN 978-4-13-063955-2　Printed in Japan